翻轉學

翻轉學

翻轉學

翻轉學

圖解

高效內化知識
輕鬆學以致用的
神速圖解法

掌握簡單三元素，讓你讀書、開會、提案……
畫出筆記力、傳達力和說服力

日高由美子／著　鍾嘉惠／譯

なんでも図解 絵心ゼロでもできる!
爆速アウトプット術

CONTENTS
目錄

好評推薦 ……………………………………………………………………… 007

推薦序 畫張圖，溝通更有效／林長揚 …………………………… 009

前言 畫出能瞬間傳達訊息的圖像 ………………………………… 011

本書出場人物 ……………………………………………………………… 015

序章　職場不可或缺的圖解技能

01. 當場畫出來讓別人秒懂 …………………………………………… 020

02. 「神速圖解法」的五大好處 …………………………………… 028

03. 四步驟訓練方式 …………………………………………………… 031

04. 一分鐘暖身，讓手放鬆 ………………………………………… 033

第 **1** 天　懂得「圈字」，瞬間把文字變成「圖」

05. 會拿筆就會畫的三大工具 ……………………………………… 038

06. 用線框把文字「圖像化」 ……………………………………… 041

07. 區分方形和圓形的用途 ………………………………………… 045

08. 掌握圈字所需的技術 …………………………………………… 048

09. 用對話框表現「對白」、「補充」 ……………………… 050

10. 用不同的線，更容易理解 ……………………………………… 052

11. 把想強調的重點圈起來 ………………………………………… 054

12. 簡化很長的文字列 ……………………………………………… 055

第 **2** 天　學會畫「箭頭」，傳達事物的關係

13. 缺少箭頭，會發生什麼悲劇？ ……………………… 060
14. 箭頭的三種含意 ………………………………………… 063
15. 用曲線表現連鎖反應 …………………………………… 068
16. 利用線條變化，表現不同意思 ……………………… 070
17. 從箭頭方向看出狀態發展 ……………………………… 074

第 **3** 天　畫出「人形」，促進理解且吸睛

18. 一秒就畫好的人形圖示 ………………………………… 080
19. 強調角色、與人有關的服務 ………………………… 083
20. 結合對話框，表現「想法」和「狀態」 ………… 087
21. 喜怒哀樂也能立刻畫好 ………………………………… 091
22.「臉的方向」能表現關係和情緒 …………………… 092

第 **4** 天　讀完文章後，快速視覺化

23. 步驟1：領會文章整體的意思 ……………………… 100
24. 步驟2：寫出關鍵字詞 ………………………………… 103
25. 步驟3：加上三元素 …………………………………… 104
26. 圖解練習：LINE ………………………………………… 105

27. 圖解練習：Facebook ⋯⋯⋯⋯⋯⋯⋯⋯⋯⋯⋯⋯ 107

28. 圖解練習：各種社群網站 ⋯⋯⋯⋯⋯⋯⋯⋯⋯ 110

29. 短句圖解練習 ⋯⋯⋯⋯⋯⋯⋯⋯⋯⋯⋯⋯⋯⋯⋯ 112

30. 長句圖解練習 ⋯⋯⋯⋯⋯⋯⋯⋯⋯⋯⋯⋯⋯⋯⋯ 120

31. 複雜句子圖解練習 ⋯⋯⋯⋯⋯⋯⋯⋯⋯⋯⋯⋯⋯ 126

第 **5** 天　　**邊聽邊圖解的祕訣**

32. 現場不等人，即時記錄才能省時省力 ⋯⋯⋯⋯ 134

33. 留空的三個理由 ⋯⋯⋯⋯⋯⋯⋯⋯⋯⋯⋯⋯⋯⋯ 136

34. 應該預留多大的空白？ ⋯⋯⋯⋯⋯⋯⋯⋯⋯⋯ 139

35. 如何快速記下關鍵字？ ⋯⋯⋯⋯⋯⋯⋯⋯⋯⋯ 141

36. 明確標示發言者 ⋯⋯⋯⋯⋯⋯⋯⋯⋯⋯⋯⋯⋯⋯ 143

37. 鍛鍊聽寫能力的練習題 ⋯⋯⋯⋯⋯⋯⋯⋯⋯⋯ 147

第 **6** 天　　**讓圖解會議紀錄更輕鬆的三版型**

38. 長時間的磋商，先分區 ⋯⋯⋯⋯⋯⋯⋯⋯⋯⋯ 158

39. 時間序列版型 ⋯⋯⋯⋯⋯⋯⋯⋯⋯⋯⋯⋯⋯⋯⋯ 163

40. 發散式版型 ⋯⋯⋯⋯⋯⋯⋯⋯⋯⋯⋯⋯⋯⋯⋯⋯ 168

41. 隨機類版型 ⋯⋯⋯⋯⋯⋯⋯⋯⋯⋯⋯⋯⋯⋯⋯⋯ 170

第 **7** 天	**邊聽邊圖解的實戰練習**	

42. 圖解企業服務：Alexa ⋯⋯⋯⋯⋯⋯⋯⋯⋯⋯⋯⋯⋯⋯ 176

43. 圖解支付方式：PayPay ⋯⋯⋯⋯⋯⋯⋯⋯⋯⋯⋯⋯⋯⋯ 181

44. 圖解軟體功能：「在哪裡 GPS」⋯⋯⋯⋯⋯⋯⋯⋯⋯⋯⋯ 184

45. 圖解商業模式 1：LINE 原創市集 ⋯⋯⋯⋯⋯⋯⋯⋯⋯⋯ 188

46. 圖解商業模式 2：「價格 .com」⋯⋯⋯⋯⋯⋯⋯⋯⋯⋯⋯ 191

47. 圖解商業模式 3：Uber ⋯⋯⋯⋯⋯⋯⋯⋯⋯⋯⋯⋯⋯⋯⋯ 194

48. 圖解量大的談話：「Workman」⋯⋯⋯⋯⋯⋯⋯⋯⋯⋯⋯ 198

49. 提高精確度的五個技巧 ⋯⋯⋯⋯⋯⋯⋯⋯⋯⋯⋯⋯⋯⋯⋯ 205

終章　把內容視覺化變成工作助力

50. 培養能「當場」圖解的能力 ⋯⋯⋯⋯⋯⋯⋯⋯⋯⋯⋯⋯⋯ 210

51. 閻魔老師最後的提醒：好懂而非漂亮的圖 ⋯⋯⋯⋯⋯⋯⋯ 212

52. 田中的來信：成為得心應手的工具 ⋯⋯⋯⋯⋯⋯⋯⋯⋯⋯ 213

謝詞 ⋯⋯⋯⋯⋯⋯⋯⋯⋯⋯⋯⋯⋯⋯⋯⋯⋯⋯⋯⋯⋯⋯⋯⋯ 215

附錄 A　推薦筆記工具 ⋯⋯⋯⋯⋯⋯⋯⋯⋯⋯⋯⋯⋯⋯⋯⋯ 217

附錄 B　一秒就畫好的精選商用圖示 ⋯⋯⋯⋯⋯⋯⋯⋯⋯⋯ 221

好評推薦

「將複雜資訊轉化成讓人一看就能秒懂的圖解，比起華麗的視覺更加重要。這本書不只適合職場溝通，也是生活筆記、演講教學時的必備寶典。」

——林佳 Zoe，自媒體講師、每日一錠數位內容創辦人

「當人人都能輕易擁有資訊，誰能有效『處理』資訊，重新詮釋、表達觀點將成為這個時代的致勝關鍵，而『圖解』兼顧思考、表達、溝通等多重效果，正是你的最強外掛！」

——邱奕霖，圖解力教練

「『一張圖勝過千言萬語』，但是不會畫圖怎麼辦？我除了教授心智圖 mind map，也教授圖像記憶法，這兩種方法的核心都是『將文字轉化成圖』；圖解也是圖像的一種，所以我都會順便教導學員圖解的速成法。本書談論的圖解法，跟我教導的圖解法有異曲同工之妙。本書的圖解法有兩個特色：1. 可以協助我們把想要說出的話，或是雙方對話的結果，用簡易的線條與文字展示出來；2. 規則少，且能快速完成基礎美感的圖解。」

——胡雅茹，心智圖天后、台灣學習力訓練師

「擅長表達的人有兩種：一種是會畫畫的人，另一種是不會畫畫但懂得用線條和幾何圖案表現想法的人。不管你是哪一種人，這本書都可以讓你做得更好。」

——劉奕酉，鉑澈行銷顧問策略長

推薦序
畫張圖，溝通更有效！

——林長揚，簡報教練、暢銷作家

你最近一次畫畫是什麼時候？

平常在舉辦簡報培訓課程時，我會一步步帶領學員，利用紙筆規畫整份簡報的目標與文字內容，一旦內容規畫好了，製作投影片就會輕鬆很多。因此在打開電腦製作投影片前，我總是大力推薦學員先用紙筆畫出每一張投影片的圖解，也就是草稿，如此一來，可以提升製作簡報的效率。

透過紙筆把投影片中的文字重點轉化成圖像，並畫出圖像與文字的相對位置，可以幫助我們進一步思考，如何排版出最簡潔有力的投影片。平時許多人在製作投影片時，打開電腦就容易分心，例如會去逛網拍、看劇等，但若有一份畫好的草稿，就等於擁有一份投影片的說明書，製作時就只需要照著說明書一張一張做，不但有目標也有方向，就不容易分心了，所以畫草稿真的是好處多多。

可是每當我請學員畫草稿時，大家都很害怕，並推說自己不會畫畫，但我始終相信大家在小時候都有畫畫塗鴉的經驗，只是長大後怕自己的畫被別人笑，因此才放棄了這項技能。透過課程活動的引導後，我發現大部分的學員都能重拾畫畫的信

心，並且順利畫出投影片的草稿。

你可能會想說：「怎麼可能在短短的上課時間內，就讓一個人變成畫畫大師？這是天方夜譚吧！」

你的疑問是對的，我也無法讓大家在 10 分鐘內變成畫畫大師，但我們可以回歸到畫圖的目的來討論。

在畫投影片草稿時，**我們的目標是整理思緒並與組員討論，期待利用圖解讓大家得到共識，才能進行下一步的工作。此時畫圖的目標就是促進溝通，而不是要畫出稀世作品拿去展覽。**因此我們只要畫出最簡單的圖解，確保自己或對方看得懂就好，不用去追求繪畫光影、技法、擬真度等細節。

而且因為人類大腦處理圖片的速度比處理文字要快上六萬倍，因此除了投影片的草稿，圖解還能應用在許多方面，例如學習時的筆記、開會討論時的引導、上台簡報時的輔助說明等，這些場景都可以利用圖解來降低溝通成本。例如我的筆記也都是圖解構成；在幫學員點評回饋時，也都是用紙筆畫圖解來說明，學員也較容易理解，比起只用口語講半天要有效得多。

如果你想感受圖解的好處，誠摯推薦你好好閱讀本書，作者會一步步帶領你，用基本圖型畫出好懂的圖解，並附上許多案例與圖形示範，讓你從無到有培養出圖解溝通能力，在任何場合都無往不利。

如果你已經忘記上次畫圖是什麼時候，不如現在就拿起筆！

前言

畫出能瞬間傳達訊息的圖像

　　本書要教的「神速圖解法」，是一套當場將自己的想法或磋商內容可視化的技術。重視的是速度，目的不是要畫出「技巧高、漂亮的圖」，而是要即時畫出「能傳達訊息的圖」，當場讓所有人都理解。

　　「神速圖解法」能化繁為簡、以淺白的方式表現深奧的內容，激發更多的討論，是影響下一步行動的產出術。會面商討、開會、腦力激盪、簡報，在所有場合都能發揮很大的功效。

只要會畫圓和線，一定學得會

　　可能有人會說：「我不會畫畫。」請放心，只要會畫圓圈和線條就一定學得會。

　　「神速圖解法」的目的是要在第一時間共享資訊，以便當場解決問題。慢慢畫，畫得好又漂亮，實在緩不濟急。

　　我們需要的只是「圓」和「線條」，畫得好、壞不重要。我會告訴大家有助「即時畫出能傳達訊息的圖」的技術。

「用畫的來傳達」，工作進展更順利

我的職涯始於化妝品公司宣傳部的廣告製作，之後轉職到製造商做設計，再到資訊科技公司從事製作。現在的工作則是藝術總監（廣告和網站等的視覺設計負責人）。

廣告製作的實務現場，行程通常很緊湊，於是清楚、迅速地傳達出腦中的想像或想法便很重要。我會隨機應變地動手畫圖釐清課題、與人溝通。可視化不但提高了我的說服力，也使工作進展更順利。

轉換跑道後，直接與決策者一起推動計畫的機會增多了，我更需要在極短的時間與人交流資訊、傳達腦中的創意。

用最快的速度，當場將想法轉換成「看得見」的形式進行討論，思考接下來的對策。經歷這一連串的過程，我確實感受到「邊聽、邊想、邊畫」可以作為一種技術，有效利用。

分秒必爭的時代，圖解比用說的、寫的更快

　　獨有這項技術太可惜，我想讓公司的同事也學會，因此起初是在公司內部辦學習會，後來應外界要求開始舉辦「地獄繪圖道場」圖解講座，每次舉辦都座無虛席，甚至很多人搶不到報名門票，只能排隊候補。至今共超過四千人參加過我舉辦的講座，聽我傳授「當場圖解」的技術。並收到學員實際將這套技術運用在工作上的回饋：

　　「上司誇我說明得比以前好。」

　　「我在討論銷售資料的線上會議，一邊開會一邊把內容畫出來和所有人分享，很快地就確定方向。」

　　「平常不會去看會議紀錄的員工，現在變得對內部會議很感興趣。」

　　「討論新產品開發時，對於如何吸引顧客長期支持陷入僵局，這時我邊畫圖邊腦力激盪，竟發現之前一直沒注意到的問題。」

　　可以看出，只要「神速圖解法」運用得當，會議或團隊合作就會進行得很順利。

　　數位工具的多樣化、以遠距辦公為首的新型態工作方式、線上商談等陸續出現，如今，商業運作的腳步越來越快，已到驚人的地步。

　　「慢慢花時間互相理解的會議」或「把客戶面臨的課題帶

回公司，花數週擬出完美的企畫書」現在看來十分荒謬。畫出來給對方看就能繼續談下去，**只要能當場轉換成圖像讓對方理解你的意思，對方心裡的不確定感、雜音就會消失。**

「我不會……」本書就是為這樣的你而寫

本書為了讓覺得自己不擅長繪畫、對圖解抗拒的人也能產生共鳴，能願意閱讀並增進技能，因此採用師生對話的形式。

完全沒有繪畫天分的主人翁在老師的強烈鼓勵下，將一點一點地掌握「神速圖解法」的技術。現在就一起拿起筆來鍛鍊繪圖功力吧！

只會用到「圓圈」和「線條」，從明天起，不，今天就可以開始在工作中使用這套技術。掌握「神速圖解法」的要領，有效利用在工作上吧！

本書出場人物

田中大

食品製造商／新事業部

進公司工作五年，調到新的部門，每天依然手足無措。在一切要求速度下，常常被能迅速取得共識的前輩指正，墮入失去自信的迴圈。他想要追上能力強的前輩，讓大家刮目相看，並獲得部長讚賞。首要之務，就是發奮學會前輩的圖解技術。

閻魔老師

「圖解道場」老師
以「當場畫出來給別人看，事情就好辦了」為座右銘。常嚴格教導學生要一直畫、不停地畫。嚴格的教學風格，獲得職場眾人的高度評價。

015

田中的煩惱

我的名字叫田中大。

我在食品製造商的總務部工作了五年，每天安穩度日，不料有天突然接到人事命令，把我調到「新事業部」。總是坐在辦公桌前平淡處理業務的我要調到新事業部？起初我以為是整人遊戲，沒想到卻是真的。

對一直擔任文職的我來說，新的部門忙得我暈頭轉向。不斷地開會，還被迫參加學習會、工作坊，幾乎沒時間好好坐下來喘口氣。

什麼短跑衝刺、商業模式圖，一些從沒聽過的詞彙充斥耳邊，以往平靜的日子全化為烏有。

部長的攻擊力道尤其猛烈，常會在意想不到的時候突然把問題丟過來，如果當下說不出令他滿意的答案就要帶回家做，努力想出三種方案交上去，但部長一句「完全沒搞懂問題」就被輕易推翻了。

以為做得無可挑剔的投影片，結果被指責「堆砌專業術語，不易理解」要重做。

好想回去原來的部門……開會時，一直緬懷過去的我，因為目睹前輩把所有人的發言，以圖像方式飛快地記錄在白板上，於是我赫然清醒。我不能再沉浸過去，應該要聚焦眼前。

前輩邊圖解邊確認「你的意思是這樣嗎？」「如果是你剛才說的這樣，有三個好處」，當場詢問大家的意見並即時畫出來。

連部長都指著前輩畫的圖點頭稱是:「對,就是這樣!」在場的人也紛紛表示:「我可以想像你說的情景!」「如果是那樣,那這個怎麼樣?」進一步拋出各種意見。原以為要開兩小時的會議,不到一個小時就開完。

有一次,前輩告訴我優食(Uber Eats)的商業模式。他把文章中不易理解的內容,迅速地用圓和線條畫出來,而且最後完成的圖像簡單易懂。

「圖像」比文章容易理解得多

Uber Eats 的商業模式
點餐者在手機下載 App,然後點餐。
餐點費用會被加計手續費,
以信用卡結帳。
App 會聯絡店家並安排外送員。
外送員前往店家取餐,再送去給點餐者。

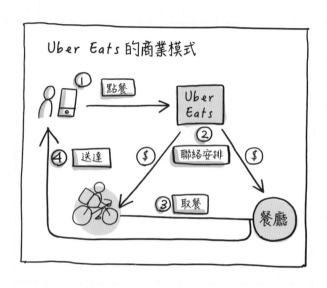

當場畫成圖像就能瞬間傳達、及時確認,較不會產生誤會。

我小心翼翼地問前輩:「怎麼做才能像你一樣,三兩下就把資訊轉換成圖像?」

「其實……」結果前輩告訴我一個祕訣,「不要跟別人說喔,但是會有點累。你也能很快學會畫圖解。」

很累?那是什麼意思?

可是,我很想學會「瞬間圖解」的技術,讓部長誇獎我,不想再有苦悶的時刻。

我下定決心,要戰戰兢兢地學習,打開圖解的大門。

職場不可或缺的
圖解技能

序章

01
當場畫出來讓別人秒懂

 歡迎田中！從現在起，我要教你的是「神速圖解法」這套技術。

 神速圖解法？那是什麼？

 就是當場迅速把會商內容或腦中的想法，畫成圖像給別人看的技術。

 可是我完全不會畫畫耶！

 沒問題！只要會畫圓圈和線條就行了！

 可是我有過不愉快的回憶。學生時代美術課十等第評分，我只得到「2」，很不會畫畫。小學時有一次我想畫「大猩猩」，結果被人家說：「這是酷斯拉嗎？看不出來是猩猩。」畫家裡養的狗，結果被人說：「好可愛的貓喔！」

很多人都是因為這些無心之言影響了自信心，不知不覺對畫畫產生抗拒心理，使產出僅限於語言文字。但我希望你試著想一想，你五歲時都畫些怎樣的畫呢？

啊？

回想你五歲時的樣子！

這樣說來，我五歲時好像還不會害怕畫畫，不管畫什麼都會拿給大家看。

沒錯！小時候我們應該會不顧一切地畫出心裡最想表達的東西，然後馬上拿給身邊的人看。**能當下分享彼此想法的畫或圖像並不需要很高的藝術性**。

喔。

並非一定要畫得很好的人才能畫，或是有天分才能在大家的面前展示。所有人都擁有將腦中意象傳達出來的能力。

有道理。出社會工作後就忘了這樣的心情。不知不覺就認為，畫出來的圖一定要完成度很高才行。

說得沒錯。重要的是即時共享資訊，而圖解最適合讓人具體理解自己腦中想像的畫面，也就是把「抽象的言語」變成「看了就懂的具體圖像」。

 原來如此！可以做到這樣的話，就算是不斷跳針的會議也可以變成有效率的討論。

 是的，只要畫出來給大家看，就能繼續談下去。**當場畫出來，能讓不確定感、雜音消失**！

畫出來就能避免「打掉重練」！

 你現在有什麼困擾？

 多到講不完，以最近來說，我把主管提出的問題帶回家，花一週仔細思考做出來的完美企畫書，馬上就被他推翻。心裡頓時覺得，我花的那些時間和努力算什麼？

 完美的企畫書嗎？有時確實有必要做到完美，不過在連續花好幾天完成企畫書前，必須先做一件事。

 什麼事？

聽到主管的要求，你是不是馬上就帶回家研究？其實在做成企畫書前的商討階段，你可以當場以可視化的方式向主管確認：「你所想的是不是這樣？」「我的理解是這樣，方向對嗎？」

可視化？就是轉換成眼睛可以看見的形式？

沒錯。當場畫給對方看，將對方想像不出、模糊不清的部分可視化，只要能取得共識，即便是粗略的共識，相信之後提出的企畫也不會有太大的偏差。

確實是這樣，以前想都沒想過。

至少能排除絕對不可行的方案，只要方向大致確定，就集中全力往那個方向去做就行了。

我每次都覺得自己聽懂了，沒有「當場確認」就帶回家研究，所以才會做出偏離主旨的提案。

這叫做「負向循環」。只要很快地畫給對方看：「你說的是這樣的意思嗎？」當下「解釋的差異」和「共同的想像」就會明朗化。

原來我一直陷在負向循環裡。

若能確認彼此想像中的概念，就不會有「打掉重練」的情況。那麼，實際上什麼情境該用圖解呢？「神速圖解法」的活用情境主要有以下四種。

❶ 整理自己思緒時

POINT
▶ 速度 > 整理。
▶ 以喚醒記憶為優先。
▶ 日期、順序要明確。

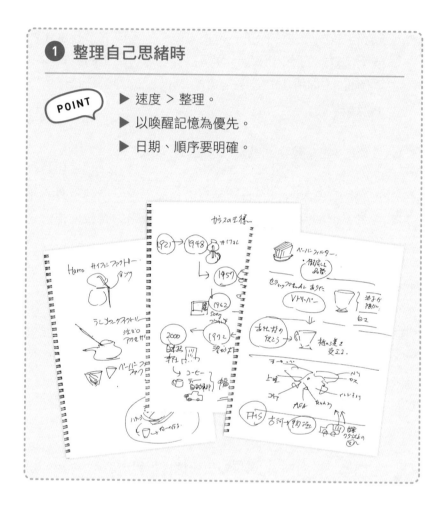

 不記錄腦中的想法，則無法促進思考。記下腦中偶然浮現的念頭和關鍵字並儲存起來，這對確認每天行程或寫出待辦事項，以及思考下一步行動時都很有用。

❷ 會商討論、腦力激盪時

 ▶ 用不同的顏色記錄不同的意見，促進發散思考。
並將內容結構化，使討論慢慢收斂。

▶ 要刻意留空。

 在產品說明會聆聽介紹時，當場將特長和重點轉換成圖像會更容易掌握內容。只要畫出來，腦中的想像就會具體化，認知的出入和方向的差異也會變得很明確。對於團隊一起發想創意，效果也不錯。由於寫字畫圖可激發想像力，所以對腦力激盪也很有幫助。

❸ 在培訓或學習場合要吸收知識時

POINT
- ▶ 主題、標題要明確。
- ▶ 話題的展開要一目了然。
- ▶ 統一小標、大標、標籤。
- ▶ 利用文字的強弱變化和圖畫傳達比較容易理解。

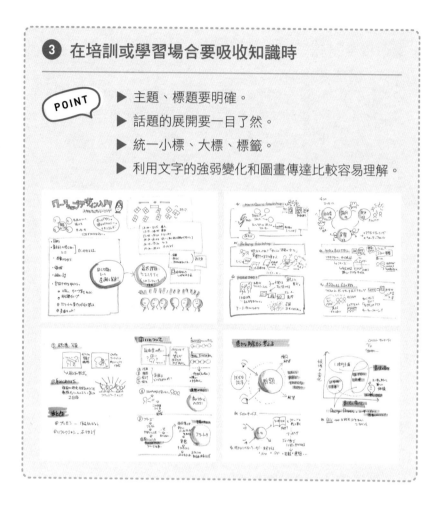

 即時記錄下資訊。試著想像自己參加研究會或受訓時的情景。藉由書寫比較容易留住記憶，經過圖解，事後復習也比較容易。

④ 簡報類場合，須邊展示內容邊說明時

▶ 要有意識地提高可辨識度。

▶ 設想展示的情境，利用字數和線條粗細等製造強弱變化。

向別人說明計畫時，單靠語言常無法讓人產生具體的想像。可視化後，比較容易能引起別人的興趣，想要仔細聽，進而產生對話。簡報時，有人對投影片的內容提出疑問，若能當場用圖解的方式說明會更有說服力。

序章

02
「神速圖解法」的五大好處

 你現在知道什麼時候可以使用圖解法了嗎？

 我知道除了會面磋商，還可以用在各種場合。而且我很想嘗試看看！

 很好！接下來我要告訴你「神速圖解法」的好處。總共有5點。

❶ 可以綜觀複雜的內容和冗長的說明

 要理解複雜的內容並不容易，但如果是透過圖像，就能很快地掌握全貌，也比較容易發現缺漏或矛盾之處。

 的確，曾經將四小時的會議整理在一張紙上後，我看一眼就能理解了，省事不少。

② 能活絡開會氣氛

 許多人一起討論時，聲量大的人往往會主導全場，但透過圖解，出人意表的意見或聲量小的發言也會被記錄下來，可以看清會議的全貌，營造出「易於發表意見」的氛圍，讓會議進行更順暢。

 真的，感覺大家都會根據圖解，積極說出自己的意見。

③ 提升簡報的精確度

 構思簡報內容時，不能一開始就在電腦上製作投影片，要先利用視覺圖像將訴求重點和架構大致整理出來。在這個階段要確認周遭人的反應，加以刪修、補充，使內容更加完善。

 我都是一開始就在電腦上製作投影片，並且一直針對細節調整。

④ 增進創造力、想像力

轉換成圖像，可以讓人從不同的角度看事情，且常會出現意想不到的飛躍性思考。結合圖像而不單靠文字，對跳脫框架很有幫助。

這讓我想到，談話一旦中斷，前輩就會刻意畫些輕鬆的圖，提振大家的興致。

⑤ 增加說服力

圖解能讓內容更快傳達，彼此也更容易溝通。例如新的企畫、構想等，一邊說明一邊把推演的過程展示出來，讓人容易想像，自然也會比較好理解。

我想起前輩無視結巴的我，直接帥氣地用圖解向部長說明的情景。

序章

03
四步驟訓練方式

 好處我都明白了，可是要怎樣才能學會呢？

 別擔心，接下來我會詳細說明。先來看看「神速圖解法」
的訓練流程吧！

學會「神速圖解法」的四步驟

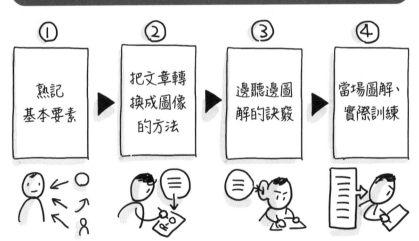

① 熟記基本要素 ➤ ② 把文章轉換成圖像的方法 ➤ ③ 邊聽邊圖解的訣竅 ➤ ④ 當場圖解、實際訓練

 原來是這 4 個步驟！

是的，我會用七天的時間教完這 4 個步驟。我先來說明各步驟的內容吧！

步驟 1 （第 1～3 天）

記住將文字圖解的「基本要素」。

∨

步驟 2 （第 4 天）

學習把要素組合起來，將文章轉為圖像。

∨

步驟 3 （第 5、6 天）

學習邊聽邊圖解的訣竅。

∨

步驟 4 （第 7 天）

設想情境練習「聽寫」，培養即戰力。

 只在腦海中想，不曾實際動手做的話，臨場絕對用不出來。一開始也許會覺得麻煩，但在學習的過程中還是要心無旁騖，讓腦袋和手全速動起來！

 是，知道了！

 藉由反覆練習，徹底培養將語言文字轉換成圖像的能力。不要抱持「輕鬆學會畫美美的圖」的想法，用心挑戰吧！

序章

04
一分鐘暖身，讓手放鬆

 準備筆和紙。現在做暖身運動！

 是！我換好運動服了，可是為什麼要暖身？

 暖身的目的是讓心和手變柔軟，因為畫線時太僵硬會降低速度，而且用力畫出的線條會歪歪扭扭的不好看。開會時在全白的白板上寫字會有點緊張，不是嗎？

 如果是全白的白板，確實會緊張。

 寫字前先暖身，之後寫起來就會很順。開始吧，先在紙上不斷畫圓，要畫在平板上也可以！

 原來如此，我一想到要畫圖就覺得好累，但如果是畫圓就沒問題！

 沒錯，你會變得不再害怕白紙！

033

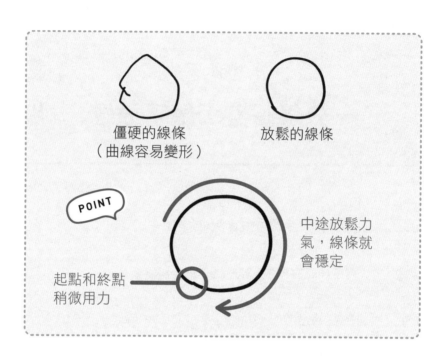

僵硬的線條
（曲線容易變形）

放鬆的線條

POINT

中途放鬆力
氣，線條就
會穩定

起點和終點
稍微用力

 差不多直徑 5 公分的大小，要有意識地讓起點和終點連起
來，反正就一直畫一直畫，畫很多圓，畫到紙張變成一片
黑為止。

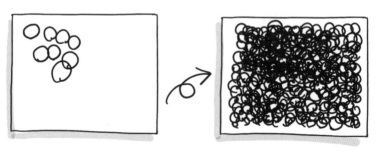

 手好痠。

會痠就表示你沒有放鬆，肩膀放鬆，快速而有節奏地畫。如果你覺得不可能畫到全黑，那就表示你還不能反射性地畫圓！

 接下來放音樂。跟著音樂不斷地畫，圓以外的圖形也試著畫畫看！

 是！我分心了，畫得很不順。

 邊聽邊畫不同的圖形，也是在訓練一心二用。上手後速度就會穩定下來，速度穩定，線條也會穩定，這樣就能畫出具有辨識度的圖。

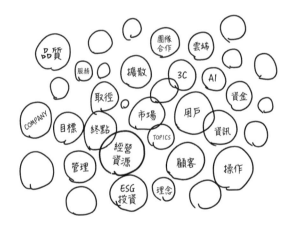

 漸漸可以畫出漂亮的圓了。

 抓到節奏後再慢慢調整，就能有自信的畫圖。不論是用記事本或平板，有空就多練習畫圓。接著要開始上課了！

用以下工具進行訓練吧。

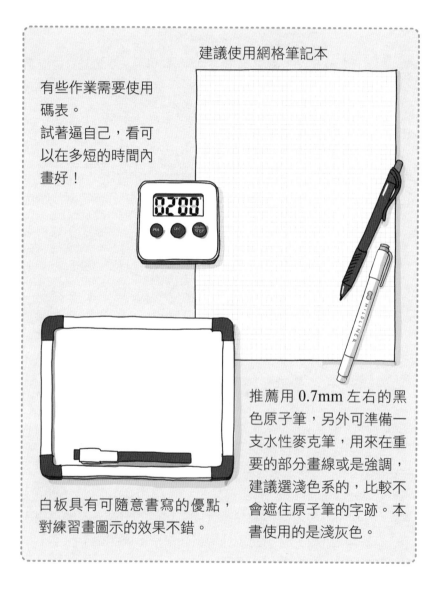

建議使用網格筆記本

有些作業需要使用
碼表。
試著逼自己,看可
以在多短的時間內
畫好!

推薦用 0.7mm 左右的黑
色原子筆,另外可準備一
支水性麥克筆,用來在重
要的部分畫線或是強調,
建議選淺色系的,比較不
會遮住原子筆的字跡。本
書使用的是淺灰色。

白板具有可隨意書寫的優點,
對練習畫圖示的效果不錯。

第 1 天

懂得「圈字」，
瞬間把文字變成「圖」

既然要用最快的速度圖解，
就沒有時間去煩惱
「要把什麼轉換成圖像？」
首先就要教大家最厲害的工具——線框。
把文字框起來，「圖像」就完成了！

05
會拿筆就會畫的三大工具

 突然叫我畫圖我也想不出要畫什麼圖。我現在思考停止,感覺只寫得出字。

 文字當然也很重要,確實有很多事是無法用圖像表達,何況有時用文字表達比較快。話雖如此,但如果只有文字,很難做到「瞬間傳達」。

 感覺好像很難,我現在就想回家了。

圖解三大工具

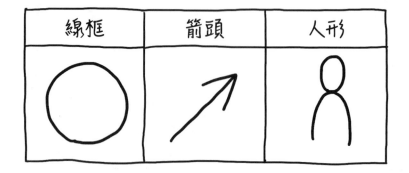

線框	箭頭	人形

不！利用「線框」、「箭頭」、「人形」，瞬間就能傳達意思。

 線框是把文字當作「圖像」元素，讓它凸顯出來。「箭頭」可顯示出要素間的關係和時間順序；「人形」會加速理解。

 原來如此，好簡單喔！

 田中，你記筆記是不是有時全是文字？

 是，這是常有的事。常常重看一遍也完全不懂意思，想不起來剛才到底說了什麼。

 使用線框就能讓文字列或段落變成「一塊」，比較容易表現事物間的關係。

 關係？

 「A 客戶有個競爭對手叫 B」這類的內容，也可以轉換成圖像讓人一目了然。舉個例子：

> 題目 A 公司的 A 事業與 B 公司的 B 事業結合，成立新公司 C。

 假設要把這段文字轉換成圖像，該怎麼做？

 我完全沒概念。

你也太快放棄了！只要用線框和箭頭就能畫出這樣的圖。

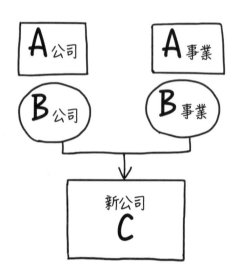

 原來如此！一眨眼就畫出圖像了。他們之間的關係一目了然。

 是啊，**線框會把文字「變成圖像元素」；箭頭是「讓元素相連、展開」**。兩者都是讓內容結構化的工具。接下來我會詳細介紹有關「箭頭」和「人形」的部分。

06
用線框把文字「圖像化」

 田中，實際上確實有些事很難轉換成圖像，你有過轉換失敗的經驗嗎？

 有，我幾乎全都失敗呀！

 是嗎，舉例來說呢？

 前一陣子我在教育訓練上聽了有關「7S」這套架構的介紹，被要求轉換成圖像，可是我想像不出來。

 是什麼樣的內容？

 我記得是這樣的：

> 所謂的 7S，就是從策略、組織、制度、價值觀、能力、人才、文化這七項要素去分析企業所擁有的資源。

 這種時候就不用硬想出圖解的方式。

 什麼意思？

首先，試著用文字把要素寫出來。

策略　　　組織

制度　　價值觀

能力　　人才　　文化

 快速地把這些字詞圈起來看看。

 啊？

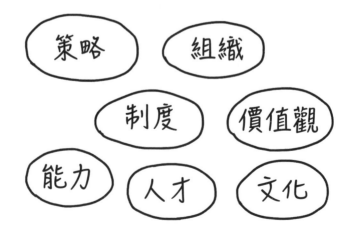

原來如此！只是把字詞圈起來，這樣看起來好懂多了。

 沒錯，用不著硬把它畫成圖畫。只要最後寫上「7S」。

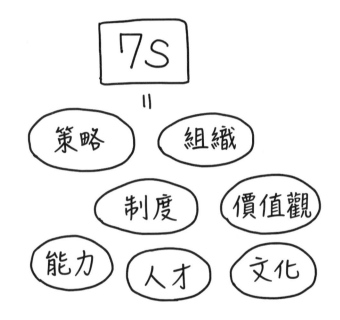

 記住，圈起來可以讓文字圖像化，比較容易與其他要素區隔，轉換成圖形。接下來這題該怎麼做呢？

> **題目** 顧客與企業合作。

 原封不動地寫出「顧客」和「企業」。

 再用直線連起來，即可表現「合作」的意思！

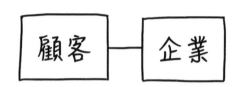

 很好。那接下來的題目呢？

題目 從顧客與企業的合作中建構共同體

 由於共同體是從顧客和企業的連結中誕生，所以從顧客與企業間的直線往下延伸，畫在下方。

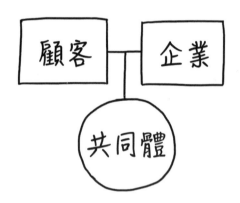

 瞬間就轉換成圖像了！

 把要素和要素組合起來便形成圖像。記住！圈字是圖解的第一步。

07
區分方形和圓形的用途

 什麼時候要用方形框字，什麼時候用圓形呢？該如何區分使用時機，可以隨便畫嗎？

 不行，如果想用什麼就用什麼就失去意義了。例如「從顧客與企業的合作中建構共同體」的圖，如果全部用圓形就會變成這樣：

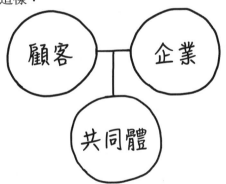

 感覺這樣也滿清楚的。

 但「顧客」和「企業」要看成是並列關係，所以用相同的方形框起來。「共同體」則視為從關係中衍生出的產物，所以用圓形圈起來。

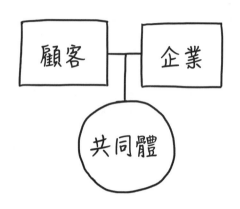

 形狀的差異讓三者的關係變得比較容易理解了！

 沒錯。方形具有穩定感，與企業、商業文件等形象很合。

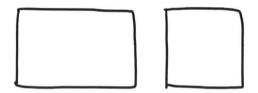

 圓形給人的印象比方形溫和，感覺較靈活，與抽象的詞彙很相稱。

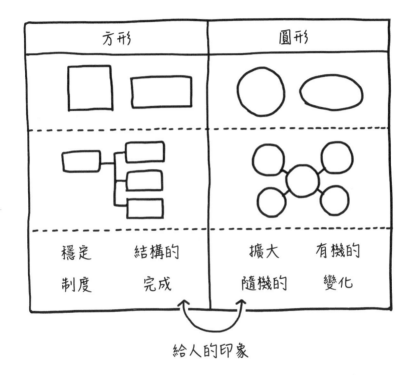

方形和圓形的用途區分

方形	圓形
穩定　結構的 制度　完成	擴大　有機的 隨機的　變化

給人的印象

 你必須先徹底了解方形和圓形的特性，才能靈活運用，讓人容易理解。

 好，我會記住方形表示「穩定」，圓形表示「擴大」。

 選用讓人可領會其意的形狀。一開始不必介意有沒有畫歪之類的細節，先重視速度，潦草也沒關係！

第 **1** 天

08
掌握圈字所需的技術

 田中，會議或工作流程的說明中常會出現「○○包含○○」的描述。例如：

> 題目 「住宿費」、「交通費」和「餐費」中，「住宿費」和「交通費」含在「出差費」裡。

 我好像懂，又好像不懂。我常常會搞不清楚。

 這題也是用線框就可以變成很好理解的圖。你看！

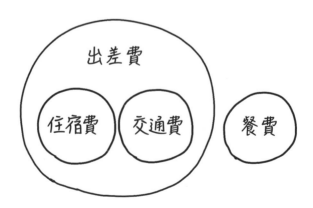

稍微複雜一點的句子也可以用線框表示。

題目 企業的事務部門包含人事部、總務部，開發部和銷售部則不含在內。

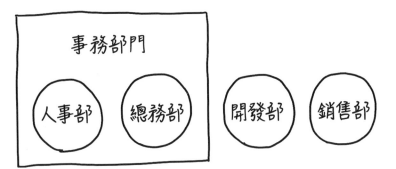

 原來如此！這樣看起來，確實比閱讀文字更快理解。

 「A 是用 B 構成的」、「A、B、C 是用 D 做成」等，也可以利用這種「包含」圖式來表現。「包含什麼，不包含什麼」等複雜內容，使用包含圖式會更容易傳達之間的關係。

第 **1** 天

09
用對話框表現「對白」、「補充」

「對話框」是一種讓圖像更好理解的工具。

漫畫裡經常會使用。

「對話框」不只能用來表示人物的發言，還有附加說明的作用。越是複雜的圖，在每個重點處使用對話框的效果越好。

對話框的用途區分

實線			正常情況
虛線			補充 心聲
變形			強調 喧譁 喊聲

我會舉例，你要把用法牢牢記在腦子裡！

> **題目** 產業醫師和企業的合作，對減輕員工的壓力很重要（每月提交一次報告）。

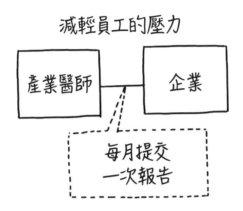

> **題目** 銷售額增加的方法有三種：「取得新顧客」、「提高顧客消費單價」和「防止顧客流失」（「提高顧客消費單價」和「防止顧客流失」，這兩項針對既有顧客的活動比較容易見效）。

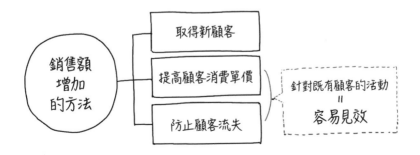

第1天

10
用不同的線，更容易理解

 基本上是用實線線框，但若穿插使用虛線和雙實線會更容易理解。**雙實線代表強調，虛線代表假設、未來、補充。**

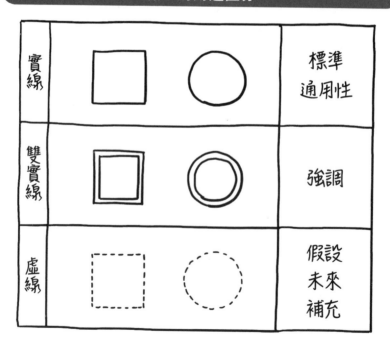

線框的用途區分

實線	☐ ○	標準 通用性
雙實線	☐ ○	強調
虛線	⬚ ◯	假設 未來 補充

針對不同事物使用不同線框。將以下題目轉換成圖像吧！

> 題目 經營形態有三種：「直營門市」、「特許經營」和「自願聯合」※，但「自願聯合」店鋪的銷售現狀尚無定論。
>
> ※ 較自由的店鋪經營制度，運作方式較「特許經營」寬鬆。

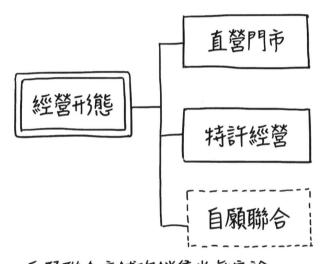

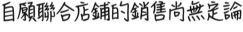

自願聯合店鋪的銷售尚無定論

 虛線原來要這樣用。這張圖好容易懂！

 只要區分雙實線和虛線的用法，立刻變得更容易理解。

第 **1** 天

11
把想強調的重點圈起來

 田中,「銷售額的 80％」要轉換成圖像時,你會怎麼做?

> **題目** 銷售額的 80％。

 是這樣嗎?

> 銷售額的 80％

 沒錯,但是還可以更簡單一點!

> 銷售額的 80％ ▶ 銷售額的

 原來如此!只把「80％」圈起來,旁邊加上「銷售額的」!

 是的,只把想強調的部分圈起來,會讓數字變得比較清楚,並能迅速理解內容。

12
簡化很長的文字列

 以下題目的文字列，要如何變得簡單易懂呢？

> 題目 為合乎法規的措施。

 把文字圈起來。是這樣嗎？

 為合乎法規的措施

 原封不動地把這麼長的字詞圈起來，只會有礙理解！

 那該怎麼辦？

重點來了，很長的字詞、句子，要在易於理解的地方換行！

 原來如此！一眼就看懂意思了！

 沒錯，寫成一長排並沒有錯，不過站在觀看者的角度，適時折行的話，不移動視線就能掌握內容。

 我懂了，是不是像下方這種感覺：

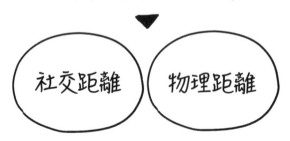

 做得好！

老師的叮嚀

圈字要有強弱之分

 圈字很重要，但不必認為「所有都要圈起來！」。所有要素都用同樣調性的線框圈起來，有時反而讓人不容易理解意思。

> **題目** 要有「認知」、「關心」和「購買」才會成為顧客。

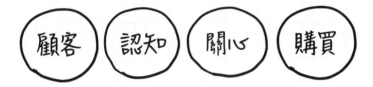

 與其全部用同樣形狀的線框圈起來。

 不如刻意不圈「顧客」，只把並列的三項要素圈起來，這樣更容易傳達其中的關係。

第 **2** 天

學會畫「箭頭」，
傳達事物的關係

隨心所欲地運用最強的圖解工具
——箭頭符號。
讓要傳達的訊息一口氣擴散！

第 2 天

13
缺少箭頭，會發生什麼悲劇？

 今天要讓你學會箭頭的用法。箭頭符號有促進理解的力量。

 不會太誇張嗎？

 要是沒有箭頭，你做不成組合家具，也到不了成田機場！

 你在說什麼？

 只要有箭頭，即便內容很複雜也能瞬間理解。像下方題目中的句子也是，只要轉換成圖像，意思一下子就能傳達出去。

題目 投資家對企業進行 ESG 投資，企業會回報投資家。

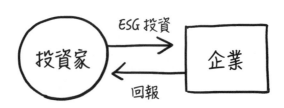

真的耶！

 人、制度、數據改變、到訪順序、金錢的流動、組織的關係等，想要讓人了解這些事物之間存在什麼樣的關係時，只用直線連接的話，意思能傳達嗎？

> **題目** 投標者收到賣家寄出的商品後付款。拍賣網站受理賣家要展售的商品，投標者在拍賣網站上提示投標金額。賣家和投標者互給評價。

 假使沒有箭頭，這段文字會變成這樣：

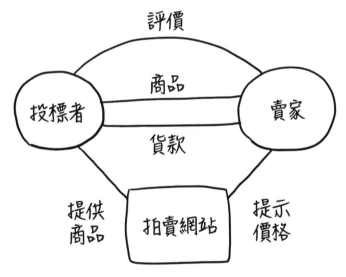

 這樣根本看不懂是什麼意思。

對吧？可是只要用箭頭，馬上就會好懂多了。

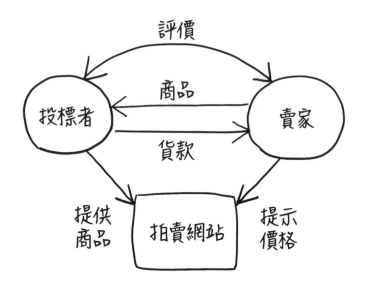

真的！「賣家」、「拍賣網站」、「投標者」的關係一目了然。而且雙向箭頭就讓人立刻看懂互相評價的意思。

只是寫出獨立的要素，很難簡單明瞭地表現出談話的內容。不要小看箭頭，了解它的功用就能更快速地進行產出。

14
箭頭的三種含意

 箭頭可以表現許多意思，但沒有必要記住全部。**以圖解來說，基本上有三種主要含意：演變、雙向、對立。**

 演變？雙向？

 我會一一說明。

箭頭的三種意思

❶ 演變

箭頭的根部代表原因、基點，
尖端表示結果、到達點。

【移動】從 A 移動到 B

> 題目 從 A 公司跳槽到 B 公司。

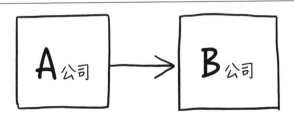

【變化】A 變成 B

題目 日本年號從平成進入令和。

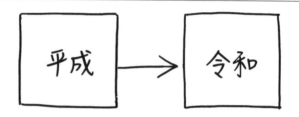

【順序】A 之後是 B

題目 在確認受理的電子郵件後，會收到訂單確定的郵件。

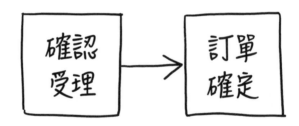

【因果關係】因為 A 而得到 B

題目 因為社群網站的宣傳，使得詢問的人增加。

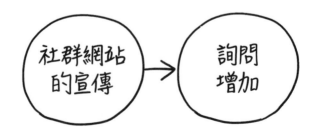

❷ 雙向（交流）

指向不同方向的兩支箭頭。
表示「交換」或「相互作用」。

【交換】A 對 B 起作用，B 對 A 起作用

題目 派遣工 A 到 B 公司上班，B 公司指揮、命令 A 做事。

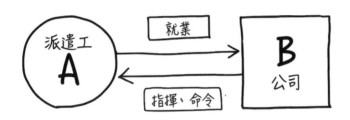

【支付對價】A 和 B 拿金錢和物品交換

題目 製造商 X 和零售商 Y 之間商品和金錢的移動。

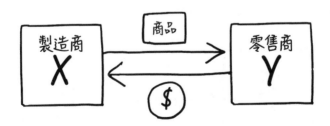

❸ 對立

兩支箭頭朝向相反方向的狀態。
表示「對立」、「競合」等。

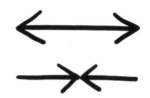

【對立】A 和 B 對立

> 題目 ▶ A 部長和 B 部長對立。

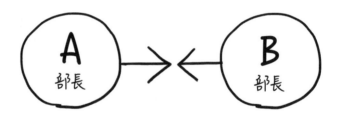

【競合】A 與 B 互相競爭

> 題目 ▶ A 公司和 B 公司存在競爭關係。

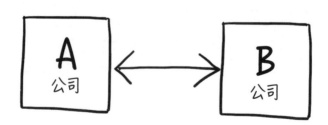

「對立」有兩種表現方式。這種箭頭要用在什麼情況呢？

用這種箭頭來表現，會強化「衝突」、「爭執」、「水火不容
的關係」，要選擇適合的箭頭使用。請看下方「箭頭的用
途區分」，將它烙印在腦中，以便能迅速拿出來利用！

箭頭的用途區分

演變	雙向	對立
→	⇄	↔ ✕
移動 發生 結果	交流 交換 相互	應對 對比 競爭

第 **2** 天

15
用曲線表現連鎖反應

 常常有人提到 PDCA，你知道是什麼意思嗎？

 當然知道。

 那你畫畫看。

 畫好了！

 這樣畫是沒錯，但太粗淺。
更好的畫法是用曲線。

 這樣比較容易讓人直觀式
地理解！

 真的耶，要表現週期或循環
時，用曲線比較能夠傳達。

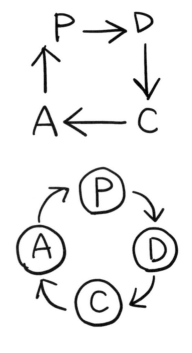

是的，直線比較容易傳達靜止、確定的關係。而曲線則易於傳達動態的變化。我再舉一個例子，你要牢牢記住曲線的用法，同時也復習圓形、方形、虛線的正確用法。

> **題目** 所謂資金循環週期，就是不斷重複籌措資金、投資事業、販售、回收、償還資金。
>
> 題目設計參考自「現金流管理與資金循環周期的關係？（你以為已了解現金流管理？其11）」
>
> http://www.shiraishi-concierge.com/2016/07/22/%E4%BC%9A%E7%A4%BE%E7%B5%8C%E596%B6%E3%81%A8%E7%AE%A1%E7%90%86%E4%BC%9A%E8%A8%88%E3%81%AE%E9%96%A2%E4%BF%82/（參照 2020-8-13）

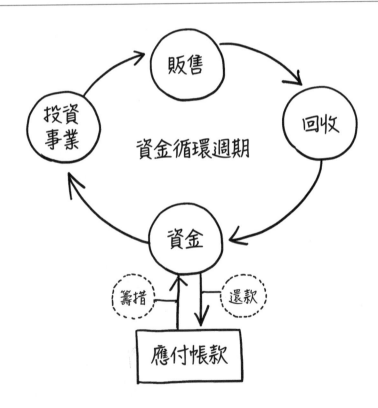

第 **2** 天

16
利用線條變化，表現不同意思

 稍作變化即可讓箭頭煥然一新，更容易理解。先記住三種
箭頭：虛線、波浪線、雙線。

線條變化的區分

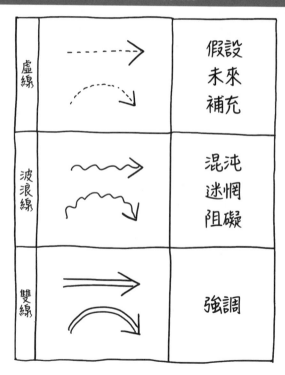

虛線	⇢ / ⇢	假設 未來 補充
波浪線	〜▶ / 〜▶	混沌 迷惘 阻礙
雙線	⇒ / ⇒	強調

❶ 虛線

　　用於表現未來的事、過去的事、
可能性很低的事等非現狀、眼前不存
在、很難看見的東西。

 虛線可以表現出「看不見的事物變化」。把以下題目轉換
　　成圖像時也可以使用。

> 題目 ▶ 用戶透過搜尋，找到並參訪網站。

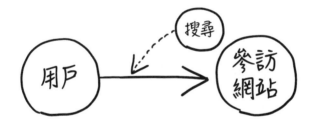

 補「搜尋」上過程後更容易看懂。

❷ 波浪線

　　用於表現混沌的狀況和迷惘。

③ 雙線

用於強調或表現很強的關聯。

 臨時想畫的時候，不可能一直換筆吧？不過只要事先了解線條的變化，用點巧思就會變得比較容易理解。下面這段文字會畫成怎樣呢？

> **題目** 就短期目標而言，成為「區域龍頭」是第一優先，但接下來就要打進其他縣市。進軍海外目前有困難，應該擺在後頭。

 像這樣靈活運用箭頭，重看時會很容易理解。

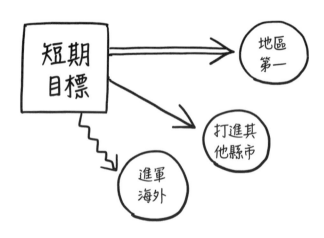

 真的，一看就懂了！

好，現在試著把稍微複雜的文章也轉換成圖像。

題目 C 公司向 A 公司提出合作要求，但 A 公司和 B 公司早已建立合作關係。E 公司一直反對 A、B 兩家公司聯手，而 A 公司對 D 公司具有很大的影響力。

 如果只用一種箭頭表現這段文字，就會是這個樣子：

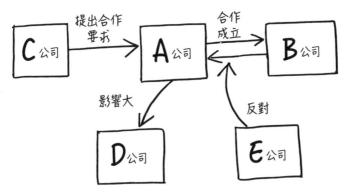

 但如果使用不同的線條，會更容易理解！

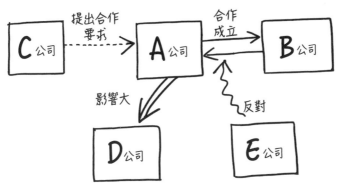

第**2**天

17
從箭頭方向看出狀態發展

 要表現「商品資訊在社群網站上擴散」、「訂單集中在 A 公司」這類狀態時,用箭頭也會很快。

題目 商品資訊在社群網站上擴散。

題目 訂單集中在 A 公司。

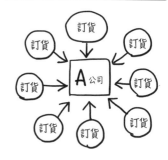

 也可以傳達上升和下降的意象。

題目 從 A 狀態朝 B 狀態發展。

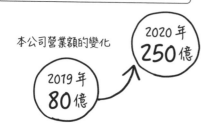

本公司營業額的變化

2019 年
80 億

2020 年
250 億

題目 今年的收穫量一直減少，明年恐怕會衰退更多。

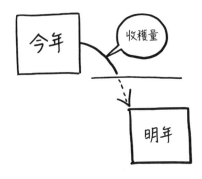

 一個箭頭就有這麼多變化。

 我已整理成表格「箭頭的方向變化」，你要把它記熟！

箭頭的方向變化

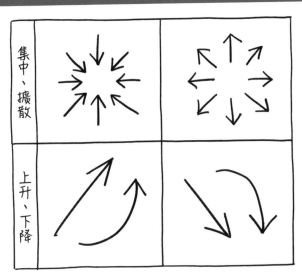

老師的叮嚀

學會線框、箭頭的用法後，
就利用「自我會議」練習！

 好不容易學會了線框和箭頭，但感覺一不注意就會忘記。

 別說這種喪氣話，基本工具就是要反覆練習才會成為自己的能力。

 說得也是，那要怎麼做才會成為自己的能力呢？

 首先要有意識地使用線框和箭頭做筆記，持續一週。建議你試著記錄你的「自我會議」。5 分鐘就好。

 「自我會議」是整理自己的想法嗎？

 是的，比方說，以「如何增加每個月的零用錢」為題，試著用圖像方式呈現。

 正是我迫切需要的，好希望我太太能明白，現狀的 2 萬日元的零用錢是多麼的不切實際。公司附近相繼出現超過 1,000 日元的午餐，假設有 20 天要進公司，光是花在午餐費就沒了。便利超商的甜點是我的小確幸，但這樣的話連工作的熱情都會消失。

 你能不能用淺顯易懂的方式圖解它，而且最後要談到增加零用錢？試著用線框和箭頭畫畫看。

比如可以圖解成這樣：

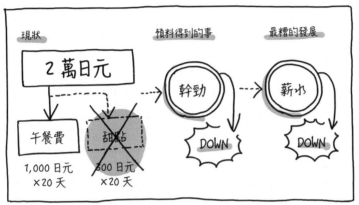

 如果是這個，也許可以演示給我太太看！我也來畫畫看！

 是的，即使是微不足道的筆記，圖解過程可以培養把事物抽象化和表現事物間關係的能力，並讓思緒有條不紊。

 一天只要 5 分鐘，那也可以寫今天預定要做的事吧？

 沒錯，主題不一定要很大，有空時重看筆記，加註要改善之處，像是「這種箭頭比較能傳達意思」、「不需要這樣的線框」等。

 有道理，反覆練習很重要，我來畫畫看！

第 **3** 天

畫出「人形」，
促進理解且吸睛

掌握「熟悉」、「好理解」的
人形圖示可大幅拓寬圖解的範圍！

第**3**天

18
一秒就畫好的人形圖示

 今天我要讓你學會「人形圖示」。

 現在才問好像有點晚，但請問圖解為什麼需要人形圖示啊？

 人形圖示具有兩個特性：「熟悉」和「吸睛」。例如以下的句子：

題目 A 公司對用戶提供服務，用戶支付公司費用。

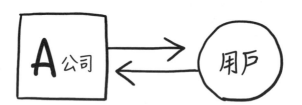

 比起這種只有線框的圖，有人形圖示更能一眼看懂兩者的關係吧？

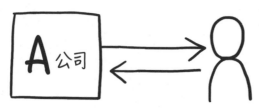

確實。關係越複雜,活用圖示的效果越好。話說回來,老師,用圓和直線真的可以畫出人形嗎?

 那是當然!而且不用一秒就畫好了!

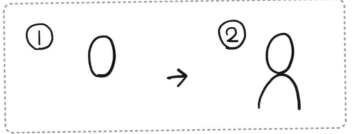

 喔?這麼簡單可以嗎?

 當然可以,這種簡筆人物「0彎人」很好用。

 **0彎人**

只有人頭和上半身的超簡單人形圖示。由於簡單、可以很快畫出來,所以應用相當廣泛。

 老師,為什麼叫「0彎」?

 它象徵著「從零創造出一的創新者」。

這太深奧，我不懂。

 抱歉，我胡謅的。頭是 0 的形狀，身體用彎曲的線構成，所以叫「0 彎」。

 好簡單！

 簡單就好！總之就是反覆練習，現場才能迅速產出！

 這樣就可以嗎？太過簡單反倒令人不安！

 接下來要挑戰 30 秒可以畫出幾個人形？

（氣喘吁吁）老師，一大堆人擁過來。

 冷靜！大致 30 秒內能畫 40 個人形就可以了！

19
強調角色、與人有關的服務

 什麼時候該用人形圖示呢？

 大致有兩種情況，一是想讓商業模式等圖解中，角色或人的存在變得很明確時。

 如果用線框和箭頭來表現以下句子，就會是這樣。

> **題目** 顧客的詢問內容都會被儲存在資料庫裡，自動製成常見問題集。

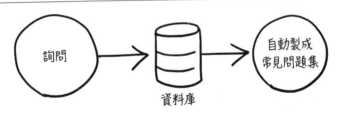

雖然「訊問」用圓形，意思也能傳達，但使用人形圖示會更易於理解。

有人形圖示的話，一眼就能理解。

 題目 將 A 公司的產品寄送給購買的使用者時，會附上試用品，
讓使用者發送給其他人，藉此讓更多人認識這項產品。

 如果沒有人形圖示，這段文字就會變成這樣：

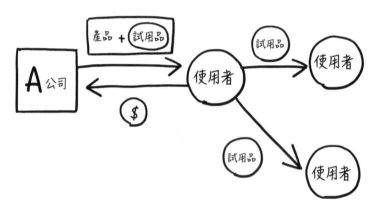

 加入人形圖示會比較容易理解。

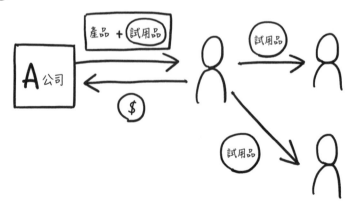

第二種情況是，想簡單明瞭地傳達與人有關的服務、狀況或狀態。請看以下這張圖：

用人形更容易想像狀況

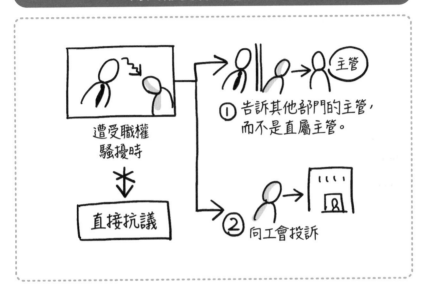

遭受職權騷擾時

↓

直接抗議

① 告訴其他部門的主管，而不是直屬主管。

② 向工會投訴

 好容易想像！

 田中，你有開發新服務或討論改善現有服務的經驗嗎？

 有。這種腦力激盪的機會很多。

 應該還有其他場合需要思考使用者的潛在需求。這種時候，人形圖示就能派上用場。

要怎麼使用呢？

 討論時，應該會想像使用者所面對的具體困擾，或思考服務會為生活帶來怎樣的變化等。若使用人形圖示讓腦中的想像可視化，討論自然也會更深入。

 原來如此。

 只是用來促進討論，所以不必畫得很漂亮，只是稍微增加一點變化而已。

20
結合對話框，
表現「思考」和「狀態」

 使用人形圖示即可輕易表現人的狀態和思考。比如下方這段文字，幫「O 彎」加上對話框就能順利表達。

> 題目 使用者在購買前的反應有三種：針對規格等提問、憑直覺購買、購買前深思熟慮。

 可以瞬間畫出三種狀態：「對事物抱有疑問」、「對事物很滿意」、「沉默思索」。

 對耶，結合對話框就能包含訊息。

 是的，對話框不但畫起來很快，而且裡面要放符號或文字都可以。也可以不用對話框，只加上「......」，這樣看起來就很像「思考中」。當然，直接把文字擺在旁邊也行，但放入對話框會更容易看懂是「誰」在說「什麼」。而且如果同時使用多個人形圖，還可以表現「關係」（狀態）。

兩人：

交流溝通　　　　決裂狀態　　　　沉思狀態

一群人：

意見一致　　　對想法抱有疑問　　在一群人中被孤立

 另外，「0 彎」搭配箭頭，可以輕易畫出讓人一看就懂的
視覺圖像。有關團隊打造或管理的說明，更容易理解喔！

題目▶ 參與型組織（Engagement Organization）
以前的組織，領導者以「管理」為主，高呼成果至上，只有少數一、兩位明星般的幹部成為鎂光燈的焦點。而現在，領導者注重協調，有效利用團隊個別成員的力量，做出貢獻的組織已受到注目。

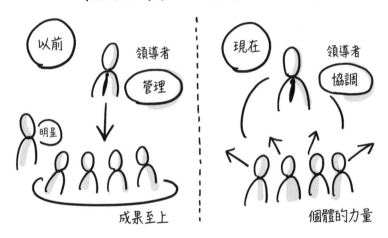

ENGAGEMENT ORGANIZATION

以前　　領導者　管理　　明星　　成果至上

現在　　領導者　協調　　個體的力量

 若能畫出「表情」，更能感受到人的行為和情緒的變化！

 把下方這段文字轉換成圖像看看。

題目▶ 離職後，在社群網站上依然支持該公司的員工。
離職後，在社群網站上惡意發文，對該公司造成損害的員工。

第3天　畫出「人形」，促進理解且吸睛

089

沒有表情　　　　　　　　　　　有表情

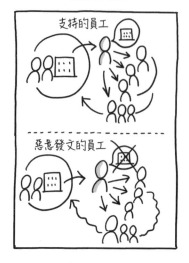

 有表情更能感受要傳達的訊息，對吧？

 真的！畫出表情就能簡要地傳達出現場的狀況！

 沒錯。當你做簡報或把想法告訴別人，在資料中放入人形圖示時，若加上表情會更容易理解。

21
喜怒哀樂也能立刻畫好

 不過，表情要怎麼畫啊？

 非常簡單！只是在「0彎」的臉上加上線條！

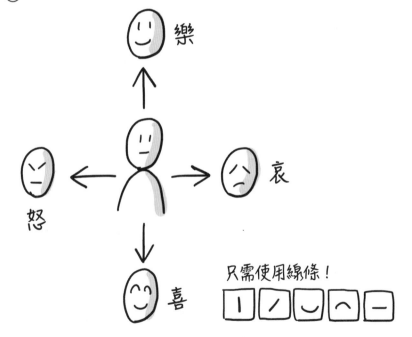

只需使用線條！

 好簡單！

22

「臉的方向」
能表現關係和情緒

 「員工的對立」、「使用者覺得困擾時」、「用過 App 的主婦有何反應」這類關係和情緒也能用「臉的方向」和「箭頭」來表現。

 讓臉面向同一個方向,即可表達「團隊合作」、「擁有相同目標」等意思。

 好簡單!

 如果身體靠近臉卻面向相反的方向,可以表現「內部分裂」、「團隊貌合神離」等狀態。

 這就是我和部長現在的狀況!

 直到兩人產生互信。總有一天會回復這樣的狀態:

 ……(有點怕怕)。

 人跟人要畫出區隔就加線條。有時也會遇到想畫兩個以上的人,但又要有所區別的情況,可以在以下部分做區分:

❶ 用斜線作區別
❷ 改變肩膀的形狀

第
3
天

畫出「人形」,促進理解且吸睛

093

❸ 加上領帶（只是在中央畫一條直線也行）

❹ 戴上帽子（只是在頭上畫一條橫線也行）

❺ 改變體型（減緩軀幹的曲度）

❻ 髮型（在臉部加上像是瀏海的線條；在髮際處畫上漩渦）

人物的區分畫法（兩人時）

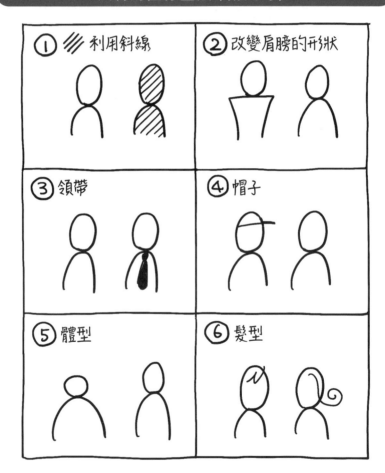

老師的叮嚀

畫出人物差異的技巧

 在提點子或與用戶訪談的時候，若能快速畫出人的不同樣子常常會很有幫助。我教你幾種畫法吧，比方 ，如果要畫頹喪的樣子：

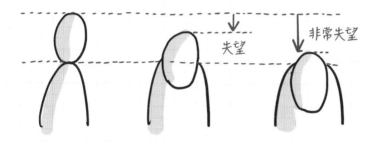

失望

非常失望

 頭部稍微往下移就能表現出垂頭（消極）的狀態。此外，如果要表現兩個人在交談：

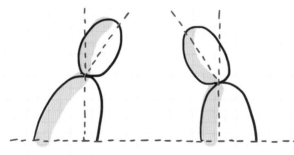

 中心軸一傾斜，身體朝哪一方就會變得很明確，也可以表現兩人的關係。還能進一步表現大人、小孩這類的年齡差距。

 既然要畫出年齡差距，就把小孩的頭畫成正圓。雖然不一定要這麼畫，但時間緊迫時很好用，建議先學起來。

 還有其他可以很快畫好又簡單易懂的武器嗎？像是圖示、符號。

 這樣啊，那我就為你介紹「速效的精選圖示和符號」！

 這麼多？

 就這麼多。寫字很花時間，若需要補充說明時間、地點等資訊時，就用這些圖示和符號吧！由於每一次要畫的東西都不一樣，慢慢增加就行了。

 了解！

速效的精選圖示和符號

樓司工作部大公工總部	🏭🏢	厂 🏢	地國世球球際界全球	🌐	◑ 🌐
工廠	🏭	🏭 🏭	日本	✏️	✏️ ✏️
製品物品	◇	◇ ◇	環保	🍃	🍃 🍃
個人電腦	💻	▢ 💻	創意構想	💡	◯ 💡
文件資料文本	📄	▢ 📄	錢資金	💲	◯ 💲

匯整、總結	相同、等於	相近	大於　小於	自……起
}	=	≒	＞＜	～
舉例	驚訝、小心	疑問、不詳	補充、加	乘、禁止、錯
ex.	！	？	＋	✕

第
3
天　畫出「人形」，促進理解且吸睛

第 4 天

讀完文章後，快速視覺化

認識「神速圖解法」的三元素後，
就要運用這些工具大量圖解。
首先，從讀完一段文字後，
轉換成圖像的練習開始吧！

第 **4** 天

23
步驟 1：領會文章整體的意思

 今天你要徹底學會，用很短的時間把文章轉換成圖像。

 以前我看不懂報價的資料時，前輩當場很快地把它轉換成簡單的圖像解釋給我聽，對我幫助很大。

 是的，當我們要把資料整理得簡單易懂並寫成企劃書時，也可以使用圖解；複雜的說明，繪成圖像後也會比較容易理解。按照三步驟思考，就能把一段文字轉換成圖像！

步驟 1　領會文章整體的意思
∨
步驟 2　寫出關鍵字詞
∨
步驟 3　利用「線框」、「箭頭」、「人形」來表達

 好！可是步驟 1「領會文章整體的意思」是什麼意思？我覺得似懂非懂。

 這個句子是在表達「狀態、結構」、「因果關係、變化」或是「擴散、收斂、蒐集」？從這三點切入思考看看。

熟記文章的「三類型」

狀態、結構	因果關係、變化	擴散、收斂、蒐集
・A 即是 B ・A 由 B 和 C 構成等	・A 和 B 進行交流（或交換） ・從 A 變成 B ・A、B、C 循環等	・由 A 擴大為 B、C、D…… ・B、C、D 朝 A 聚集等
・直線相連 ・圖形並排 	・用箭頭表現變化 ・依時間次序排列 	・從一項構成要件朝四面八方射出箭頭 ・箭頭全指向一項構成要件
例	例	例
  公司的根本方針包含三要點：「誠實」、「知識」、「挑戰」	 接受訂貨後，給對方收據，再輸入資料庫	 A 公司的送貨單位有 B～G

啊，我已經混亂了。

 我解釋一下，文章的內容要表達「A 即是 B」、「A 由 B 和 C 構成」這類的「狀態、結構」時，比較容易用並排的圖來呈現。像是表現「公司理念」時就經常使用這樣的呈現方式。

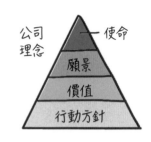

 的確，公司簡介中常會看到三個圓重疊，或是金字塔型的圖！

 如果文章要表達「A 和 B 進行交流」、「從 A 變成 B」這一類「因果關係或變化」，就會用箭頭來表現。當我們要說明一項服務或商業模式，基本上都屬於這一型。

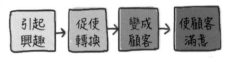

 最後是文章要表達「擴散、收斂、蒐集」的情況。若是「B、C、D 朝向 A 集中」，所有箭頭就指向一個點；反之，就是箭頭從一個點往外擴散。

 原來如此，我可以想像了！

24
步驟 2：寫出關鍵字詞

 把專有名詞和少了它意思就不通的字詞寫下來。省略連接詞不影響文意的字詞，關鍵詞就會變得很清楚。

 可是，感覺會不知道該怎麼挑耶。

 好，那就用簡單的句子做練習。

題目 顧客購買商品時，是依據「價值」而非「功能」作選擇。

 是像這樣嗎？

顧客　商品

購買

功能　價值

 正是！只揀取重要的關鍵字詞，狠下心刪除不影響意思的字詞。

第 **4** 天

25
步驟 3：加上三元素

 試著補強剛才的圖。把關鍵字詞圈起來，用箭頭或線連結。

 好厲害！整理好了耶。

 有時無法一次就畫出簡單易懂的圖。倘若時間允許，不妨修飾一下，讓文字更具辨識性。

 一看就懂了！

 好，現在用例句做練習！把後文和社群網站有關的三個句子轉換成圖像吧。

26
圖解練習：LINE

 牢記三步驟了嗎？下面這句子會變成怎樣的圖像呢？

> **題目** 國內的社群網站中，LINE 的有效用戶數一直獨占鰲頭。

 首先是步驟 1「領會文章整體的意思」。感覺它符合哪一種模式呢？

 呃，「LINE 一直獨占鰲頭」的意思就是 A＝B 的「狀態」嗎？

 沒錯！接下來是步驟 2「寫出關鍵字詞」。

 重要的關鍵字詞是「國內社群網站」、「LINE」、「有效用戶數」、「第一名」，是嗎？

國內社群網站

LINE　有效用戶數　第一名

不錯喔!接著是步驟 3「利用線框、箭頭、人形來表達」。這裡就要開始畫框、畫線。

國內社群網站

有效用戶數 第一名 = LINE

 最後再加上變化。做出強弱之分,好讓人能一眼就明白。

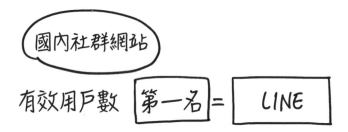

國內社群網站

有效用戶數 第一名 = LINE

 畫好了!

 做得好!增加變化時,可能會不知道該怎麼做。這時要思考「把這段文字轉換成圖像,最想傳達的訊息是什麼?」

27
圖解練習：Facebook

 多多累積練習吧！下一題如何？

題目 Facebook 用戶出走的情況顯著，日本一個月的有效用戶數已從 2,800 萬人減少到 2,600 萬人。

 從現在起，你試著自己圖解看看！

 是！這句話指出了變化，所以要用箭頭讓人一看就懂。挑出關鍵字詞應該是這樣吧？

FACEBOOK

日本一個月

有效用戶數　　2,800 萬人　　　　2,600 萬人　減少

 剩下的就是圈起來加上箭頭。

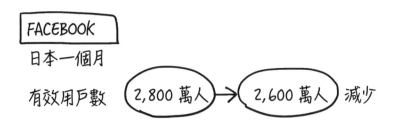

 再進一步做出強弱之分。

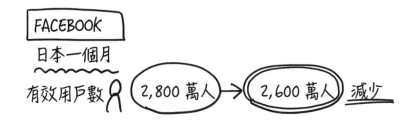

 完成！

 不錯喔，迅速完成了。咦？你把什麼藏在背後？

 呃……

 拿出來給我看！

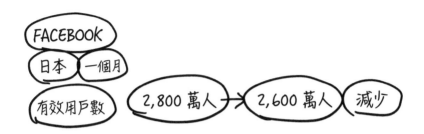

 其實我在圈字時覺得都很重要，便全部圈起來。結果反而搞不清楚重點，所以重畫。

 原來如此！不過居然注意到了，不知道該圈哪個，結果圈太多是常有的事。

 好險。

 謹記「第一優先的事項要圈起來」、「非並列的名詞，要用不同形狀的線框圈起來」。因為「用同樣的線框，把所有關鍵字詞都圈起來」等於「什麼也沒圈」。

 果然不能什麼都圈。

 如果要強調重點也可以畫底線。先記著還有「不畫圈」的選項。

第 **4** 天

28
圖解練習：各種社群網站

 很好，繼續練習吧！接下來是這段文字：

> **題目** 使用者會從 Facebook、Twitter、LINE、IG、YouTube 這類社群網站吸收到許多資訊。

 寫成橫式，感覺會不斷延伸變成長長的一條。要採用箭頭朝向使用者的「收斂」形式嗎？關鍵字詞是這些：

使用者

FACEBOOK　　　TWITTER

LINE　　　IG　　　YOUTUBE

 感覺像這樣，再加入線框，

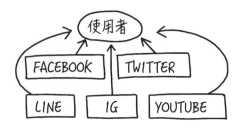

全是圖形排在一塊，很難分辨誰是主角。

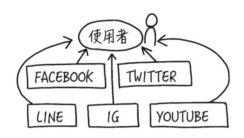

 放上人形圖示，去除與其他要素並列的感覺。

 很好！只要肯做就做得到不是嗎？

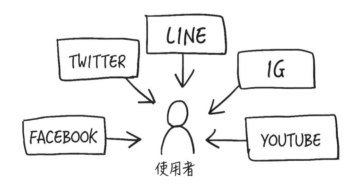

 這是修改後的一個例子。把使用者擺在中心，強調集中的狀態。專有名詞如果縮短後也能懂的話，不妨縮短。

第 **4** 天

29
短句圖解練習

 來吧，現在開始實際圖解看看。

 好可怕。

 不用怕，先練習閱讀文章然後畫成圖解。

 好，我試試看。

 盡量畫快一點很重要，這對下一步的「聽寫」很有幫助。
我說明一下練習的步驟。

- 準備紙和筆
- 設定碼表
- 讀完題目後畫成圖解
- 查看解答範例

 「神速圖解法」沒有標準答案。以「是否簡單易懂、訊息
是否傳達」這一點，和自己以前的圖解做比較。當然，畫
法不只有一種。

將 ❶ ～ ❻ 的文章轉換成圖像
目標完成時間為一題20秒，共6題

❶ 少數派和多數派對立
　　提示：重點是「對立」

❷ 主管和部屬一對一談話
　　提示：角色的區分畫法不要想得太複雜。
　　是「商量、討論」，不是單向的說話。

❸ 社長從美國歸來、單身
　　提示：轉換成圖像很困難時……

❹ 這間植物工廠會自動控制光線、水和風
　　提示：並列要素

❺ 公司從日本品川區搬到港區，兩年後也許會再搬到中央區
　　提示：未來、尚未確定的表現方式

❻ 商業、醫療、福祉、教育、交通、住宅等資源，
　都集中在都市
　　提示：集中的表現方式

第 **4** 天

讀完文章後，快速視覺化

解答

1 解答範例

少數派和多數派對立

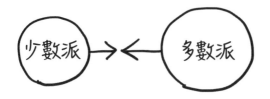

講解

 試著在線框大小上下工夫。

 形狀相同，只要改變大小就能讓人感受到數量的差異。

 在圓形線框的面積上做出差異，有助於傳達少數派、多數派的概念。然後利用箭頭表現「對立」。若使用人形圖示，比較容易在「數量」上讓人一目了然。

 也可以用這種半圓表示。

2 解答範例

主管和部屬一對一談話

講解

一想到要畫「主管」，覺得很難就打住了。

比如說，利用位置不同也能表現出身分地位的差異。
像上圖那樣，把主管配置在高一點的位置讓人感受到
兩人的關係也不錯啊。

真的就是上下關係。

若要讓圖像更易於傳達，不妨在一方加上「主管」兩
字。表示兩人關係的箭頭方向，就使用「雙向」吧。

第
4
天

讀完文章後，快速視覺化

解 答

3 解答範例

社長從美國歸來、單身

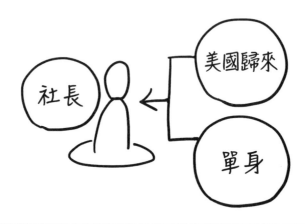

講解

 聽到「美國歸來」、「單身」、「社長」，我的手就停下來。

 該線框上場了。先用同樣的線框把「美國歸來」、「單身」圈起來，表示兩者是並列要素，再利用箭頭指出這兩項是構成社長的要素。

 我本來想畫手上沒帶戒指……。

 別忘了，**不要試圖用複雜的圖畫來表現，是畫得快的關鍵**。

❹ 解答範例

這間植物工廠會自動控制光線、水和風。

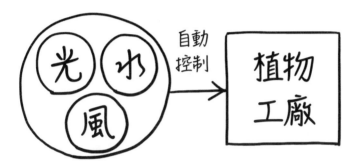

講解

 光、水、風為並列要素，要用一致的圈法來表現。因為各項要素都只有一個字所以沒問題，但視情況，有時需要設法不讓文字排成一長排。

 「植物工廠」是另外不同的要素，所以要換個形狀。

 田中，你不覺得只用箭頭的話，意思很難傳達嗎？

 會不懂「自動控制」的意思。

 沒錯，這是很重要的關鍵詞，所以要在箭頭旁用文字補充說明。

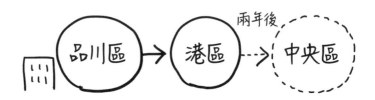

解 答

❺ 解答範例

公司從日本品川區搬到港區，
兩年後也許會再搬到中央區

講解

 「兩年後搬遷」的箭頭要畫成虛線。

 因為還沒搬到中央區是吧？

 是的，而且不知道是不是真的會搬到中央區，所以中央區的線框也要用虛線。

 也可以用「大樓」圖示代表公司。

 沒錯，寫上「公司」兩字也行，不過利用簡單的圖示會畫得更快。大樓圖示可以表示「公司」、「工作」、「辦公區」等，方便好用。

6 解答範例

商業、醫療、福祉、教育、交通、
住宅等資源，都集中在都市

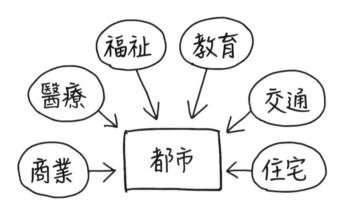

講解

 「都市」擺在下方可以嗎？

 只要箭頭的方向指向都市就沒問題。要從核心要素開始畫起。

 像是把都市四周都包圍住的感覺嗎？

 很好啊，並列要素用同樣的形狀，再用方形把「都市」圈起來，就會比較容易理解。

第4天

30
長句圖解練習

 試著把以下文章轉換成圖像吧。這次沒有提示！

問題

目標完成時間一題60秒，共5題

❶ 樂天卡免年費，消費額度最高 100 萬日元；樂天貴賓卡年費 1,1000 日日元（含稅），消費金額最高 300 萬日元。

❷ 能讓顧客「感動落淚」、「發笑」、「驚訝」，即可創造附加 價值。

❸ 拍賣開始時，3 萬日元的中古電腦，兩個小時後漲到 10 萬日 元，再過一個小時，最後以 13 萬日元結標。

❹ 可提出的促銷手段有發送試用品、折價券、辦活動、現場表 演販售，這些都可以促進消費者的購買意願。

❺ 只要全員朝向同一個目標就能達成任務。不過，如果方向不 一致而迷失了目標，便無法達成。

※ ①的題目設計參考自「以充實的服務走向更高層次的每一天 樂天貴賓卡」https://www. rakuten-card.co.jp/card/rakuten-premium-card/?l-id=corp_oo_cchoice_ detail_201710_pre_pc（參照 2020-08-13）

1 解答範例

樂天卡免年費，消費額度最高 100 萬日元；樂天貴賓卡年費 11,000 日元（含稅），消費金額最高 300 萬日元。

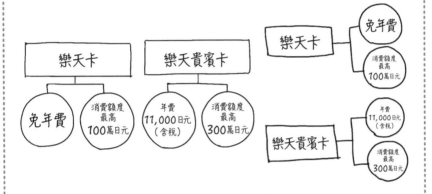

講解

 書寫並列要素時要統一線框，對吧？

 對，「樂天卡」、「樂天貴賓卡」要用方形線框，其內含要素使用圓（橢圓）形，營造出統一感。

 我是把「樂天卡」、「樂天貴賓卡」直向排列，把要素寫在它的右側。

 這樣畫並沒有錯，只是橫向並排比較容易看出對比關係。有排序或是要表現時間次序時，直向排列多半效果不錯。

解 答

❷ 解答範例

能讓顧客「感動落淚」、「發笑」、「驚訝」，
即可創造附加價值。

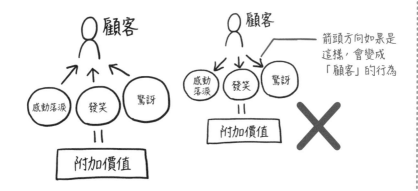

箭頭方向如果是
這樣，會變成
「顧客」的行為

講 解

「使人感動落淚」、「使人發笑」、「使人驚訝」都是針對顧客，所以箭頭要朝向顧客。

我把箭頭的方向弄反了，像右邊的圖那樣。

這樣的話意思不容易傳達。要利用箭頭的方向表現「這是面向顧客的行為」。此外，只用人形圖示很難傳達「顧客」的概念，不妨用文字補充說明。

❸ 解答範例

拍賣開始時，3 萬日元的中古電腦，
兩個小時後漲到 10 萬日元，再過一個小時，
最後以 13 萬日元結標。

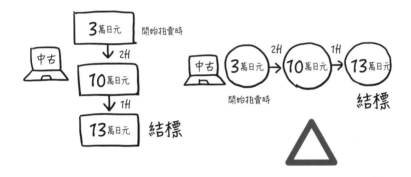

講解

 像右圖排成橫的雖然也可以，但因為是時間次序的變化，左圖直向排列會比較容易理解。

 線框用圓形、方形都可以，是吧？

 只要統一就沒問題。學會畫簡單的電腦圖示會很方便。把補註的文字（2h 等）圈起來反而不易理解，要特別注意。金額的數字寫大一點的話，會讓人一看就懂。

解 答

❹ 解答範例

可提出的促銷手段有發送試用品、
折價券、辦活動、現場表演販售，
這些都可以促進消費者的購買意願。

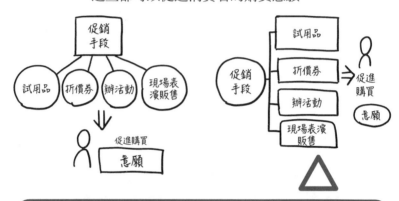

講解

 「促銷手段」的四要素要並排。

 這裡不使用箭頭嗎？

 表現內容狀態時，多半只用線條連接，不過為了讓人看出主從關係要改變線框的形狀 我繪製了兩個範例。

 兩種形式都很容易理解耶。

 以視線的自然移動來說，左圖應該比較容易一眼縱覽全貌。

❺ 解答範例

只要全員朝向同一個目標就能達成任務。
不過，如果方向不一致而迷失了目標，便無法達成。

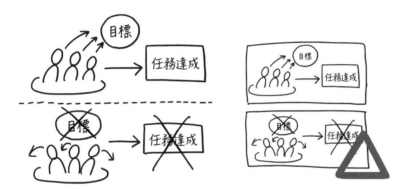

講解

 想表達眾人朝向一個目標或是一盤散沙的狀態時，使用人形圖示會很好表現。

 真的！只要不統一人形圖示的方向，很容易讓人感受到一盤散沙的狀態。

 兩句話為對比的狀態，用線條區隔開來會比較好理解。各自框起來的話，會看似獨立的兩件事。

第 **4** 天

31
複雜句子圖解練習

老師，我不行了！

現在說喪氣話還太早！再 2 題，加油！

問 題

目標完成時間一題120秒，共2題

❶ 政府從家庭收入中抽取稅金，然後提供公共服務挹注家庭經濟。家庭支付企業貨款、費用，企業則提供商品、服務給家庭。企業繳稅給政府，政府為企業提供公共服務。

❷ 訂閱是一種定額式的服務，使用者並非買下，而是取得物品的使用權，按使用期間支付費用。

【例】
以前：在電影院看電影（一部電影 1,800 日元）
訂閱：線上無限次觀看電影（每個月 1,300 日元）

解 答

❶ 解答範例

政府從家庭收入中抽取稅金，
然後提供公共服務挹注家庭經濟。家庭支付企業貨款、
費用，企業則提供商品、服務給家庭。
企業繳稅給政府，政府為企業提供公共服務。

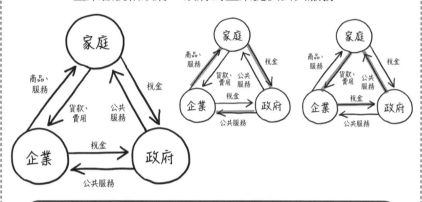

講解

 把關鍵字「家庭」、「政府」、「企業」各自圈起來。

 沒錯。分別用雙向箭頭表現其各自的交換關係。用文字補充其交換的內容會更好理解。

 我不知道該不該把補充的字圈起來。

 線框太多反而會降低可辨識性。以這一題來說，補充文字很多，所以不要圈起來，讓內圈和外圈各自形成同一個方向的流動，就能簡單明瞭地表現出循環的狀態。

解 答

❷ 解答範例

訂閱是一種定額式的服務，使用者並非買下，
而是取得物品的使用權，按使用期間支付費用。

〔例〕
以前：在電影院看電影（一部電影 1,800 日元）
訂閱：線上無限次觀看電影（每個月 1,300 日元）

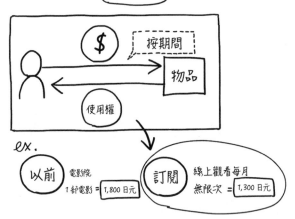

講解

「訂閱」＝「定額式服務」要當作標題配置在上方。

單用人形圖示，就能傳達出使用者的概念。

「按使用期間」則用對話框和箭頭補充說明。

老師的叮嚀

圖解桃太郎的故事

 什麼要畫圖，什麼要用文字，我感覺自己連圖示都還不太
會用。

 先把「圖解的目的」弄清楚吧。請看這張圖。

[桃太郎]

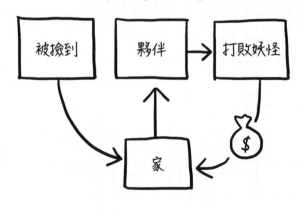

簡易版 [桃太郎]

第 4 天　讀完文章後，快速視覺化

這是同一個桃太郎，沒錯吧？

 對，兩張畫都是桃太郎的故事。即使是同樣的故事，但會有表情豐富的圖示，以及用字詞和圖形簡單整理成的圖像，給人的印象截然不同。

 如果是上方看起來很愉快的圖畫，確實充滿「笑」果，腦中的想像也會擴大。

 沒錯。不過下方的圖……。

 看起來接近商業模式的感覺。可是，我好像可以從這張圖中清楚看出故事的架構。

 你認為兩者的差異是什麼？

 圖畫（圖示）多會覺得很親切；畫得簡單，比較容易了解故事的架構。是嗎？

 是的，即使內容相同，但視覺訊息多的話，現場氣氛會比較容易熱絡起來；畫得簡單的話，對於結構的理解會變得比較容易。

 原來如此。

 當然，這不是非黑即白。先思考自己想讓圖解發揮怎樣的作用，再決定要較多圖示或較多文字的表現方式。

這樣說來，想讓開會（腦力激盪等）氣氛熱烈，就放入多一點圖示和繪畫的元素。反之,想要場面收斂就徹底劃分區塊、圈字，將它結構化，是吧？

 正是！就是按照當場的目的轉換表現方式。

例：即時記錄公司內部的線上動腦會議時，要活用圖示和對話框，好讓意見容易表達。同時要預留足夠的空間方便分類和註記。

有何改變?遠距上班時代的市場行銷

新冠疫情危機

行銷活動

B TO B 推銷

變化

線上數位 → 為主

課題和重點是?
◎ 遠距上班情況增加
◎ 遠端搖控情況增加

三個重要課題

① 不利對新顧客的預測、爭取
電話約談
DM　FAX
展示會
線上研討會

② 商談比率低落
電話
面對面談話
電郵

③ 銷售部門的管理、困難
面對面資訊交流
人員養成

研究事項
數位轉換
怎麼做?

Ⓐ 交易數位化

Ⓑ 線上行銷

Ⓒ 線上共享銷售資訊

例:關於遠距上班對市場行銷和銷售造成巨大改變的研討會紀錄。為了讓未出席的工作人員也能了解,仔細揀取關鍵字詞,將研討會的內容結構化。

第 5 天

邊聽邊圖解的
祕訣

要一邊聽人說話，
一邊即時繪製圖解。
祕訣是「關鍵字詞＋空白」。
現在進入邊聽邊圖解的反覆練習！

第**5**天

32
現場不等人，
即時記錄才能省時省力

看來你已掌握「閱讀」一段短文或單詞後，繪製圖解的訣竅。現在進入下一個階段。什麼情況會讓你覺得「畫出來給對方看比較好」？

開會或磋商時感到「好像有點雞同鴨講」的時候吧。

是，會議或磋商的場合，我們有必要讓彼此的認知一致，在相同基礎上進行討論。當你感到困惑，即時圖解是最好的做法。

是啊。前幾天我進行了一場線上團體訪談。

是喔，怎麼樣呢？

大家發言很踴躍，我只能在一旁點頭。事後我常常會想不起別人提了什麼意見。雖然會輸入電腦，但提不起勁重看。即使打算事後再把它轉換成「圖像」，也不知道該從哪裡著手，好挫折。

有助於日後回顧的紀錄確實很重要。線上會議固然可以錄音、錄影,可是重看不覺得很浪費時間嗎?

 是的。而且聽錄音無法分辨誰在發言、說什麼。

 是呀。當場畫出來讓所有人都明白的「神速圖解法」,正是時間緊迫時能派上用場的技巧。邊聽邊轉換成圖像只需三個步驟。

 「邊看邊畫」和「邊聽邊畫」,最大的差異在於,邊聽邊畫不知道結論。但基本做法並無二致。

❶ 第一步是邊聽邊寫出關鍵字詞

❷ 圈起來讓它變成「要素」

❸ 用箭頭依可以看出時間次序或關係的方式連結

 請教我祕訣!

 放心。祕訣是「關鍵字詞＋空白」。這樣就沒問題了!

 空白?

 現在我就要傳授你空白的奧義。

第**5**天

33
留空的三個理由

 空白的奧義，我舉以下的句子作為說明。

> 題目 Uber Eats 利用智慧型手機接到通知後，到餐飲店取餐，再轉交給訂餐的人。

✗ 未留空	○ 有留空

UBER EATS
通知 餐飲店 餐點 訂餐者

UBER EATS

通知 餐飲店 餐點 訂餐者

▼ ▼

沒有空間可以畫線框、加箭頭，很難圖解。

方便畫線框和箭頭，容易看懂其結構或關係

 真的耶！有沒有留空，結果完全不同。

 需要留空有三個理由：

1 方便事後圈字

2 方便事後加上表現時間次序或因果關係的箭頭

3 要聽到最後才會知道結論時，有留空的話就能加註資訊

 那要怎樣預先留空呢？

 好，我們用以下的句子思考看看。

題目 處理環境問題有三要素：「意識」、「技術」、「法律制度」。

※ 題目設計參考自「接近永續社會的三要素」
https://shacho.green2050.co.jp/%E3%81%9D%E3%81%AE%E4%BB%96/2007
（參照 2020-08-13）

 假使讀完這段文字要用圖像表達出來，由於已知結論，知道要怎麼畫，所以會刻意留空。

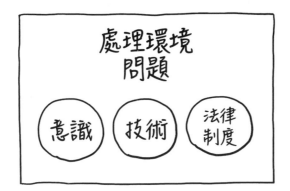

 如果邊聽邊畫會怎麼樣呢？由於談話同時在進行，沒辦法一開始就畫出完整的圖，只能邊聽邊寫出關鍵字詞。

 對喔，只能依序寫出來。

 在聽到「有三要素」的當下，馬上就知道它們的關係。以這一題來說，三要素（意識、技術、法律制度）是並列關係，可以用同樣形狀的線框圈起來。

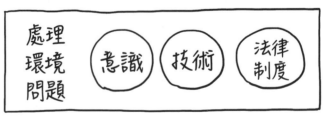

 而且「處理環境問題」這主詞包含後面的三要素，所以要用一個大框框起來，好讓人明白這一點。這樣就完成了。

34
應該預留多大的空白？

 我知道空白很重要了。那要空多大才行？

 至少要空出一個字的大小。不過這是不必加入箭頭或符號，內容很單純的情況。可以的話，希望能空出平均 1.5 個字的空間，最好是空兩個字。這樣才能加上箭頭或用文字補充說明。

空 1 個字
通知 □ 餐飲店 } → 通知 餐飲店

空 1.5 個字
通知 □□ 餐飲店 } → 通知 — 餐飲店

空 2 個字
通知 □□ 餐飲店 } → 通知 —移動→ 餐飲店

 空兩個字的確比較好理解。

 用例句實際圖解看看吧。

> **題目** 新建道路工程費，由中央和地方政府依 2:1 的比例共同負擔，中央 2，地方 1。

新道路　　　工程費

中央　　地方

2：1

 我懂了，真的空滿大的，感覺有點冷清。

 是的，不空這麼大的話，線框和箭頭會擠不進去。我們實際畫畫看：

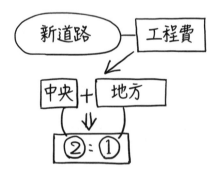

 真的！沒有這麼大的空白，根本放不進線框和箭頭。

 是不是？要時時注意預留兩個字的空間。

35
如何快速記下關鍵字？

 很長的詞彙或專業術語又該怎麼辦呢？感覺很難在第一時間記錄下來。

 很好，我們用以下的例句練習看看。若是無法即時完整寫出的詞彙，先記下頭一個字其餘空白，然後趁自己還記得時補上去。

題目 可自動控制陽光、水和風的被動式節能屋型※植物工廠

※ 性能符合一定標準的節能住宅

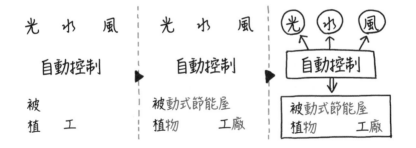

 公司名稱等專有名詞，重複出現又很長時要先簡寫，之後再補上。用＋、－代表「增加」、「減少」等，有效活用符號。

用這種方式，感覺可以記錄得很快。

 「例如」寫作「ex.」、「大約」寫作「≒」、「不同」寫作「≠」等，記住這些符號會很方便。

 有道理。確實很方便。

 基本上，越是無法預料結論會如何時，越要乖乖記下字詞。不過，並非一定要全文照錄。

 舉個例子，「今天的會議」對在場的人來說也許並沒有多重要。何況有時會需要事後加上日期等。

「以往至今，營業時間、商品種類等，一切都以
有利企業的方式運作。然而，今後要比的是可以
怎樣配合顧客」

「以往至今，營業時間、商品種類 等 → …
一切都以有利企業的方式運作。
然而，今後要比的是可以怎樣配合顧客」

 這是要保留和省略的文字參考。刪掉的字是省略後意思照樣可懂的部分。用方塊圈起來的「等」、「今後」則被認為會影響上下文的關係。不用文字而用「……」表示也是一個辦法。它同時也是敘述的轉折點，要預留空白。

36
明確標示發言者

 來吧！實際邊聽邊畫畫看吧。如果是「會話」，圖解的基本做法一樣不變。

① 第一步是邊聽邊寫出關鍵字詞

② 圈起來讓它變成「要素」

③ 依可以看出時間次序或關係的方式，用箭頭連結

 這裡要再加上一項：「明確標示發言者」。

 就是讓人清楚知道「是誰說的」？

 對，希望你能想像聽了以下這段話後，要如何繪製圖解。

> 題目 A：「這家店的人氣關東煮是什麼？」
> B：「大人是蘿蔔、牛筋、蒟蒻絲，小孩是小香腸、蛋、鱈魚豆腐。」
> A：「從關東煮就可以看出大人和小孩明顯的差異。」

 我的腦袋已亂成一團。這到底會畫成怎樣的圖啊？我連關鍵字都不知道該怎麼挑。

別慌，先挑出關鍵字。以這題來說就是「人氣關東煮」、「大人」、「蘿蔔」、「牛筋」、「蒟蒻絲」、「小孩」、「小香腸」、「蛋」、「鱈魚豆腐」、「關東煮」、「明顯差異」。藍色字是後來補上去的。

這家店

人氣關東煮 ？

大人　蘿蔔　牛筋　蒟蒻絲

小孩　小香腸　蛋　鱈魚豆腐

關東煮　大人　小孩

明顯差異

 只是這樣，好像也看得懂。不過日後重看時可能會搞糊塗。

 沒錯！所以才要把關鍵字圈起來，並用箭頭連結。試試看吧！

是！

這家店

 人氣關東煮？

 大人 | 蘿蔔 | 牛筋 | 蒟蒻絲 |

 小孩 | 小香腸 | 蛋 | 鱈魚豆腐 |

關東煮 大人 ⟷ 小孩

明顯差異

 很好。接下來要讓它變得更容易理解！

 到底該怎麼做？

 明確標示「A 的發言」和「B 的發言」，並利用人形圖示和線條來區分兩者。也可以試著換不同顏色的筆。

 我用灰色筆畫畫看！

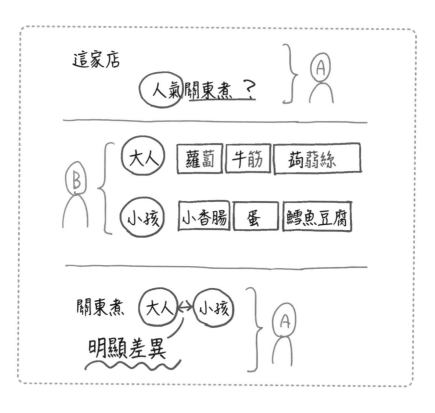

 不錯喔！為了讓說話的人和說話內容清楚明確，錯開起首位置並預留較大的空間，比較容易讓每個發言者獨立一塊。接著是練習題。

 是！

 後文的聽寫練習，要先用智慧型手機等工具錄音，再邊聽邊圖解看看。

37
鍛鍊聽寫能力的練習題

問題

目標完成時間一題60秒，共5題

進行方式：用智慧型手機等錄下文章，然後邊聽邊繪製圖解。

❶ 遠距上班必不可少的就是網際網路、筆電或桌上電腦，以及不怕孤獨的心理素質。

❷ 線上授課包含兩種：「雙向視訊型」和「網路發布影片型」。

❸ 外食產業正在設法變花樣，如從過去的面對面提供服務，轉型做外帶等。

❹ 去年冬天，優衣庫推出用「PAYPAY」購買發熱衣買一送一的活動，大獲好評。

❺ 另一方面，顧客單價減少 7.1%，連續 4 個月下跌，為 2017 年 3 月以來最大跌幅。氣溫高的日子多，使得以羽絨外套為主，單價相對較高的冬季商品銷售不振。

④、⑤兩題的題目設計參考自日本產經新聞 2019 年 11 月 5 日「優衣庫 10 月總營業額跌 1.9% 冬季商品因天候異常陷困境」的報導。
http://www.nikkei.com/article/DGXMZO51803070V01C19A1H63A00/（參照 2020-8-13）

解 答

❶ 解答範例

遠距上班必不可少的就是網際網路、
筆電或桌上電腦，以及不怕孤獨的心理素質。

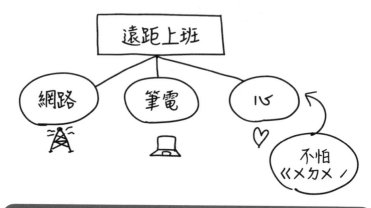

講 解

 很長的關鍵字詞要適度簡化。「網際網路」簡略成「網路」，「筆電或桌上電腦」省略成「筆電」等。事後再依需要加註上去。有關心理方面，則加上愛心符號做補充。

 突然要我畫圖示，我沒把握。

 要用文字補充也沒關係。選擇可以很快寫好畫好的那種。

 啊，孤獨寫作「ㄍㄨ ㄉㄨˊ」。

 是的。筆畫多的字也可以寫注音喔。

解 答

❷ 解答範例

線上授課包含兩種：「雙向視訊型」和「網路發布影片型」。

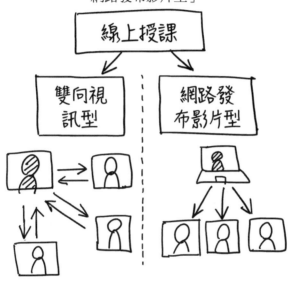

講解

 聽到「線上授課包含」就要猜想「它應該是主詞」，然後將「雙向視訊型」和「網路發布影片型」並列書寫。

 這些方形的形狀有點不太一樣。

 橫邊長的方形和縱邊長的方形。形狀有別，可表現不同的意義，雖然不是必須，但可以加上人形圖示，以表現各自的特徵。

第 **5** 天

邊聽邊圖解的祕訣

解答

③ 解答範例

外食產業正在設法變花樣，
如從過去的面對面提供服務，轉型做外帶等。

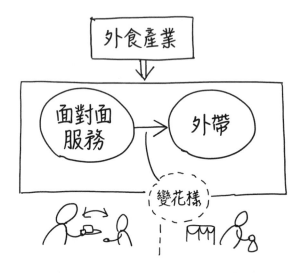

講解

 挑出關鍵字詞後，就用箭頭表現從「面對面提供服務」到「外帶」的變化。將外食產業和底下的方塊連起來的箭頭要畫成雙槓，以表示這是一股大趨勢。

 用人形圖示＋箭頭表現「面對面服務」和「外帶」，也讓人一眼就看懂差異。

 「變花樣」是有點含蓄的表現，用虛線圈起來，再用表示「轉型」的箭頭連接。

❹ 解答範例

去年冬天，優衣庫推出用「PAYPAY」
購買發熱衣買一送一的活動，大獲好評。

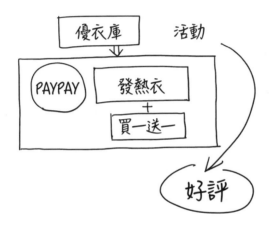

講解

 我不知道 PayPay 該不該用英文字母寫？

 要以意思能通、能很快寫好為判斷標準。各項要素圈
起來後，把「PayPay」、「發熱衣」、「買一送一」框在
一個大方塊裡，表示活動內容。用箭頭連結「活動」
和「好評」，就會很容易看出結論喔。

解 答

❺ 解答範例

另一方面，顧客單價減少 7.1%，連續 4 個月下跌，
為 2017 年 3 月以來最大跌幅。氣溫高的日子多，
使得以羽絨外套為主，單價相對較高的冬季商品銷售不振。

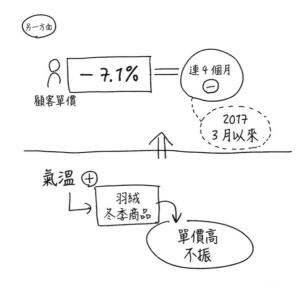

講解

 用雙直線連接「顧客單價減少」和「連續 4 個月下跌（用減號表示）」，「2017 年 3 月以來」用虛線框起來當作補充說明。

 用實線隔開結果和原因（「暖冬和高單價商品銷售情況不振」），再用雙槓箭頭表現兩者的關係。

田中，挑戰過後感覺如何？

 當我在想「那個字怎麼寫？」期間，談話持續進行，我心裡很慌。

 一旦你試圖回想字要怎麼寫，就無法記下關鍵字詞。這種時候要寫注音，事後再補上。

 還有，發覺自己搞錯時會感到驚慌失措，有時甚至沒辦法再繼續下去。

 錯誤處要畫兩條槓訂正。讓自己清楚知道犯過的錯誤。

 不要慌很重要吧？

 沒錯，一開始近似鬼畫符也沒關係。要是跟不上就先停下來仔細聽內容，在腦中整理過後再寫出來也行。

 我懂了，就是先聽完，在腦中轉換成圖像。我會試試看！

老師的叮嚀

利用故事和朋友聊天，練習「聽寫」

 在家裡有方法可以練習「聽寫」嗎？

 嗯，我不建議一開始就用晨間新聞或 YouTube 上的談話做練習。

 但專業人士的咬字清晰，很容易聽清楚耶。

 持續跟著節奏輕快的話聲做記錄是很痛苦的。

 的確，新聞的播報速度挺快的。

 若要練習聽懂關鍵字詞，建議利用節奏和緩的故事朗讀或短的童謠。

 啊？與工作無關的內容也可以？

是的，一開始難度低一點比較好。故事的話，就用桃太郎的故事練習看看，重複圖解同樣的故事，找出可改善的點，效果也不錯。還有一個方法，實際跟人說話，邊說邊記錄也是很好的練習，同時可以把你做的記錄拿給對方看，確認「剛才談的內容是不是這樣？」

 有道理！

首先，試著圖解與朋友的談話吧。

 談話內容沒有限制嗎？

 沒有。若是「旅行的攜帶物品清單」，可以練習記錄並列關係；若是「旅行的回憶」，可以練習靈活運用箭頭，表示時間順序。

 原來如此，這樣的話，線上也可以練習。

 上手之後，就可以讓出場人物增加到三人、四人，挑戰看看。

 例如像後文圖解，畫出「五歲兒子和媽媽的夏威夷五日遊：攜帶物品一覽」。

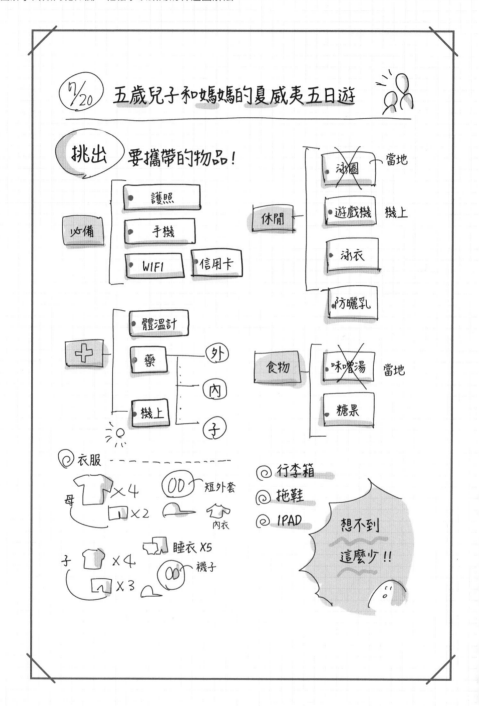

讓圖解會議紀錄
更輕鬆的三版型

要從哪裡開始圖解？
在思考的過程中，談話會繼續進行。
了解「類型」就能毫不猶豫地
繪製圖解！

第**6**天

38
長時間的磋商，先分區

 今天要圖解比之前的練習更長的談話。很適合用於記錄研討會、聽取客戶要求等場合。

 之前在做聽寫練習時會很不安，覺得「這個很短才寫得出來，要是遇到很長的文章，或發言者眾多的情況該怎麼辦？」

 你說的沒錯。因此除了基本練習，這次我們要練習記錄稍微長一點的內容。

 基本做法沒兩樣。不過這次要再增加兩點：

• 分區
• 加裝「三種型」

 喔，感覺好酷！

 先從分區開始。圖解下方這種複雜的例題，一定要分區。

> **題目** 所謂共享單車，是一種為想出借單車的人和想借用單車的人牽線，透過網站預先付款即可使用的制度。優點除了便利，還有人反應，可以發現東京都內的新景點等。缺點則是少部分人不守規矩，不把車歸回原位等。近來，民間企業和地方政府也加入成為出借方。前 30 分鐘約 150 日元，收費合理，評價不錯。

 首先，在中央畫一條線，分成兩半。

 一旦分區，就等於是強制換行，因此一行變短，比較容易將要素分成一塊一塊的。縱邊長的話一條線，橫邊長的話以兩條線為準。

 只是分區而已，感覺就滿好的！

那麼，從左上角寫起吧。「共享單車」、「想出借的人」、「想借用的人」等較長的詞彙，只記第一個字。繼續不斷把聽到的關鍵字詞寫下來。

 省略的字，事後再補上，讓人看得懂意思，對吧？

共享

腳踏車　　　　　　出借方

借用　　出借　　　民間　　地方政府
　　網路付款　　　　圙

便利　　　　　　　　　增多
東京景點

　　　　　　　　　前
　歸回原位　　　　30 分鐘　150 日元
　　　　　　　　　合理

覺得話題好像變了，就空大一點，方便事後整理。利用線框和箭頭讓人知道有哪些要素，以及要素間的關係。

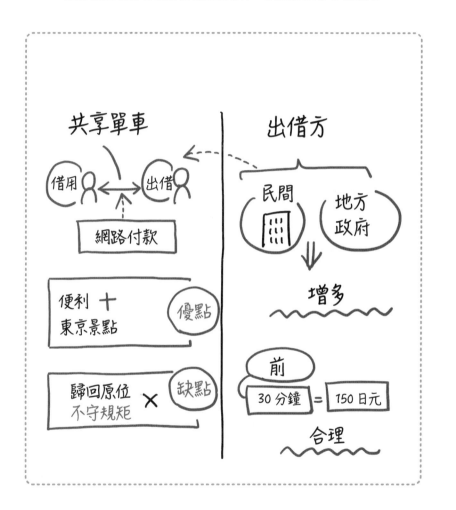

 把先前漏掉的關鍵字補齊，同時加入線框和箭頭，灰色字是事後加上的要素。

在話題轉折處，加入線條或是框起來等，把它區隔開來。
這樣就比較容易了解談話的整個脈絡和內容。

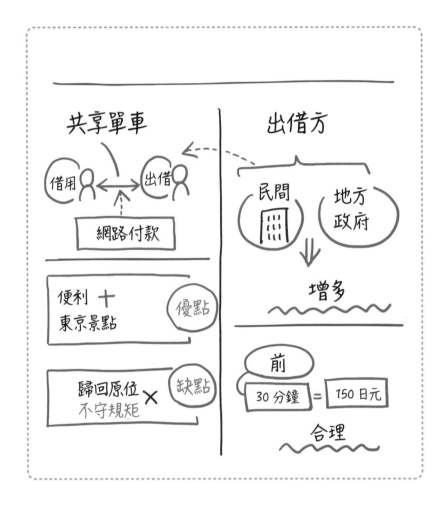

 明明有很多要素，卻整理得有條不紊！

39
時間序列版型

田中，如果有人突然要你「記錄接下來的談話」，你會怎麼樣？

我會很緊張，說不定一面對白紙，腦袋就一片空白，不知道該從哪裡寫起。

不過，只要知道「版型」便立刻不同喔。不會腦袋一片空白而能夠「聽寫」。

版型？

大致分為三種：**時間序列型、發散型、隨機型**。首先介紹時間序列型，這一型適用於「大致預料得到展開情形，和議題、主題很明確的情況」。

感覺就是用在研討會或會議上，對嗎？

沒錯！把空間分成兩塊或三塊，按時間順序做記錄，覺得話題變了就換到隔壁那區。假使話題有跨區，就用箭頭連結。只要讓標題醒目、主題明確，並利用分區呈現談話的展開過程，就算資訊量多也很容易看清楚。

就是像這種感覺！

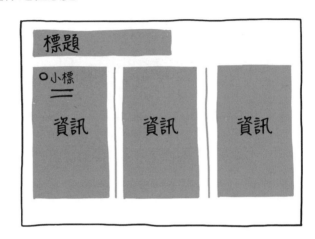

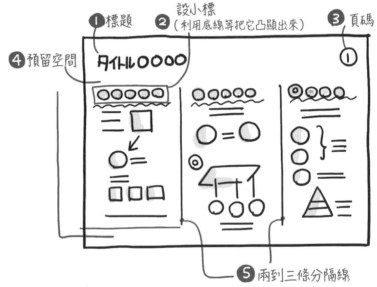

 哇！很好懂！

我把重點都整理出來。你要牢牢記住！

❶ 標題字大約是內文字的 1.5 倍大。日後找資料會比較方便。

❷ 設小標。之後再加上底線或插入句首符號加以區隔。

❸ 頁碼也很重要，便於重看內容。

❹ 標題和內文之間要刻意留空，方便事後追加資訊。

❺ 若是橫式，建議分成三塊。

 事後要讓小標凸顯出來。學到一招！

 給你看一個研討會的圖解實例。只要不斷練習，你一定也能學會圖解。

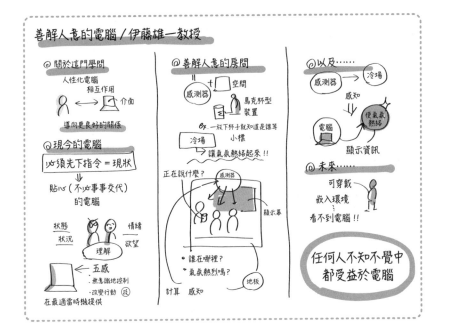

接下來要談圖解會議時的重點。一定要預留空間以備主管的「題外話」。此外，也要事先預留空間寫下次的主題或補充結論等。

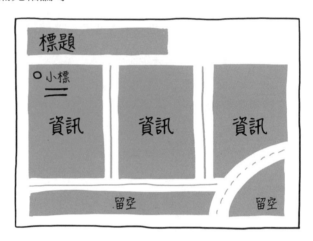

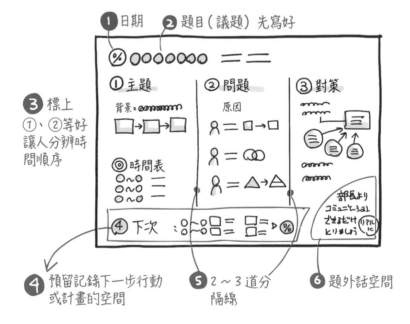

我主管也會突然開始聊跟工作無關的事……，預留空間真的很重要。

 不過，其實可以不用記錄沒意義的談話。我把重點都整理出來，你可要讀仔細！

❶ 日期很重要，尤其是會議紀錄。可方便日後檢索。

❷ 議題要寫大一點，以明確傳達出主題。

❸ 會議有時會來來回回打轉，標上數字會比較容易理解談話的順序。

❹ 下半部要預留可以記錄結論或下一步行動的空間。也可以事先畫好分隔線。

❺ 若是橫式，畫兩道分隔線，時間長的話三道（全部寫成一張時，分越多區塊，可容納較多的資訊）。

❻ 若有偏離主題的意見，就記在「題外話」的空間。

第 **6** 天

40
發散式版型

 接著是發散型。**主要用於腦力激盪等提點子的場合。**不同於時間序列型,發散型刻意不分區。準備好一個「可以自由發言」的空間(沒有分隔線,所以一開始就可以不分類地把想法記下來)。

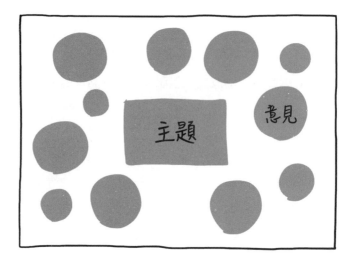

意見

主題

 不是條列式的記錄,因此可以事後畫圈分類或用線條連接(把相近的意見連起來)。

為免失焦，先把主題寫在中央。然後刻意不規則地記下眾人提出的意見。

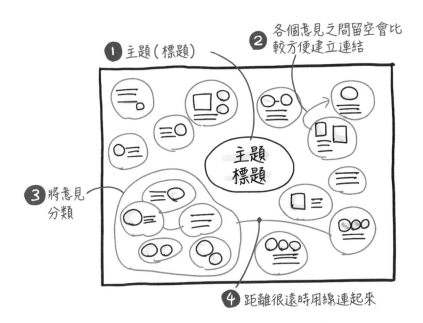

① 主題（標題）

② 各個意見之間留空會比較方便建立連結

③ 將意見分類

④ 距離很遠時用線連起來

① 標題要置於中央，使主題醒目，以免討論失焦。

② 意見和意見之間要預留足夠的空間。

③ 之後再以畫圈或畫線連結的方式，進行分類。

④ 有內容相近但距離很遠的意見時，以畫線或用同樣顏色的線框圈起來分類，容易看懂。

第**6**天

41
隨機類版型

 最後是「隨機型」。可以用在邊拋出構想邊會商，或是閒聊形式的使用者訪談。

 就是用在結果無法預測的情況是吧？

 是的。無法預測的談話會發生「搞不懂時間順序」、「分不清是誰的意見」、「事實和感想混淆」這類情況。建議照以下的方式做記錄。

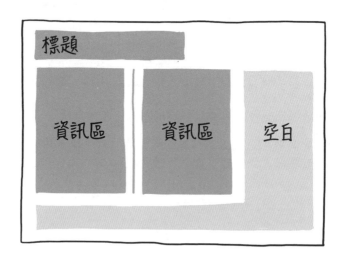

這空白的位置很不一樣！

 一開始就明確劃分聽寫區和事後補充區。所以才要準備一個反 L 型的空白區。空白區的文字記錄和標示時間順序，可以彌補無法預測走向的閒聊式訪談、會談內容的不足。我舉一個例子：

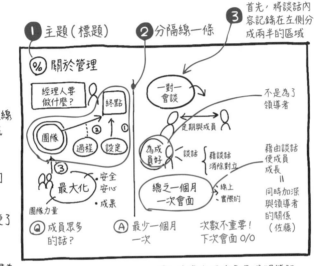

 我不太明白這在做什麼，要怎麼做記錄啊？

 現在放棄還太早！我會按照順序說明，你要聽仔細！

先從基礎講起。

❶ 在上方寫明主題（標題）。

❷ 用線劃分成兩塊。在右側和下方隔出一塊反 L 型的空白區。

❸ 談話內容記在被分成兩半的區域。

❹ 後來出現的意見或問答記在空白處。

接下來講事後進行結構化的要點。

❶ 事後要讓重點凸顯出來（用雙重線圈起來或畫底線等）。

❷ 在空白處註明發言者，好讓人清楚是誰講的話（出場人物眾多時）。

❸ 寫上編號以便了解時間順序。

❹ 把相關內容歸為一類，用同顏色的線框圈起來、畫線連結。

並不是第一時間就記錄下全部內容，而是後來再把它完成。

沒錯。話雖如此，但事後要加的是雙重線和線框，所以有必要先徹底掌握重點。

說得也是，那要怎麼看待空白呢？

空白要用在「記錄後續的意見」、「確認後，補記聽漏的部分」、「記錄提問和回答」這類用途。在寫好的紀錄上多補充，作為討論的基礎。

老師的叮嚀

圖示多時更要強調時間順序

有時畫出的圖解會讓人「不知該從哪看起、要怎麼看」。先不管自己個人的「思緒整理筆記」,當你在對人展示、說明時,或是圖解已脫離原意時,可以強調時間順序。請看這個例子。

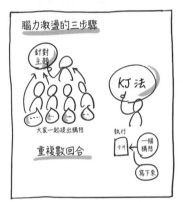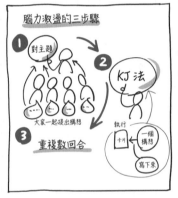

 只是標上順序就變得比較容易理解了!

 沒錯。邊聽邊寫,不可能一五一十全都記下來。而雜亂無章的圖解只有本人看得懂。所以標上順序、用箭頭連起來,會比較好理解。

 有道理,我會試試看!對了,如果沒有留空,就沒辦法加入表示時間順序的數字!

 沒錯,把事後要讓它更好理解這事牢記在心,確實留空!

第 **7** 天

邊聽邊圖解的
實戰練習

這回要一面想像工作的實務現場，
一面實際邊聽邊畫！

第**7**天

42
圖解企業服務：Alexa

 一直撐到現在不簡單！最後要請你圖解根據職場設計的
題目。

 我可以嗎？

 沒問題的，要有自信！現在試著邊聽邊圖解，以下網址有
旁白和圖解過程，可以先邊看題目邊畫，之後再參考影片
範例解答。

 以下題目即是旁白內容，我會教你邊聽邊圖解的步驟與
重點。

 明白了！

 趕快來看問題吧！

URL：https://reurl.cc/g2VkO7

　　Alexa 是亞馬遜提供的雲端型語音辨識服務。亞馬遜的智慧音箱 Echo 是支援 Alexa 語音助理的代表性裝置。比方說，對 Amazon Echo 說：「我想聽音樂」，Alexa 立刻會將聲音轉換成文字。訊息會回傳給 Amazon Echo，執行「我想聽音樂」的指令。其他如操作家電、視訊通話、在亞馬遜上購物等，也可以透過呼叫達成。

 首先，在中央畫一條分隔線，從左上角寫起。畫線時，上下各點一下做記號，看著下方那點一口氣將兩點連起來會畫得比較直。

 有參考記號，會比完全徒手畫容易。

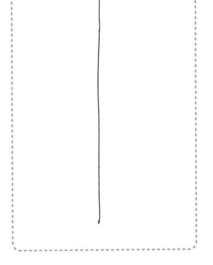

第 **7** 天

邊聽邊圖解的實戰練習

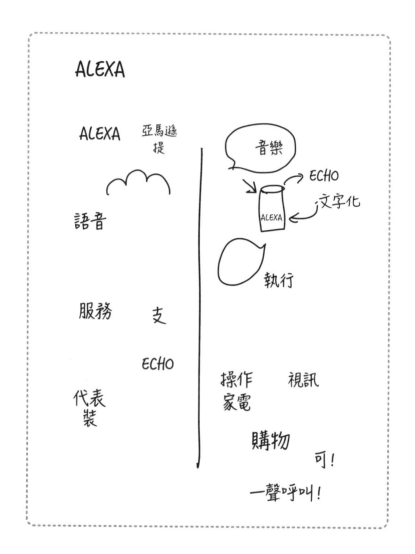

 順著說話聲記下關鍵字詞，要這時畫箭頭或是聽完後再加
入箭頭都可以。**先記下字詞的第一個字，以免趕不上說話
速度。**上圖是介紹告一段落時的狀態。

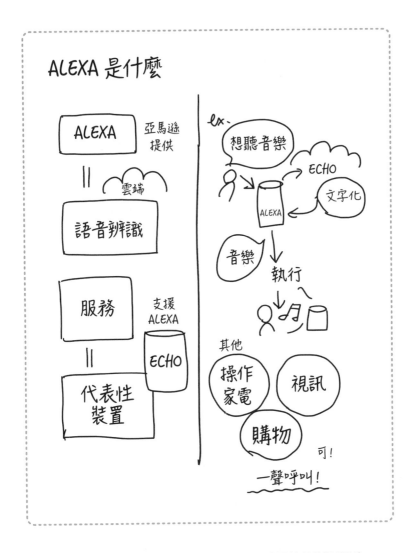

 補上漏掉的字。加入線框、箭頭，使關係變得明確。

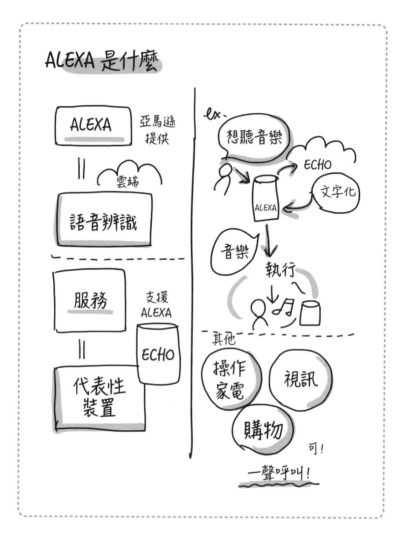

 接下來，在話題轉折處加上虛線，讓上下文的脈絡比較清楚。如果要進一步讓畫面強弱分明，就在想引人注意的標題、項目、重要詞彙畫線或圈起來，加以強調。我推薦灰色麥克筆，能看得較清楚。

43
圖解支付方式：PayPay

題目

URL：https://reurl.cc/0pAzb9

　　使用者用 PayPay 支付，可選擇以下三種方式：
1. PayPay 餘額
2. 信用卡
3. 雅虎帳戶點數

　　若是選擇 1 用 PayPay 餘額支付，由於只能從銀行帳戶扣款儲值，所以要事先在 App 上登記銀行帳戶。其他兩者只需事前綁定使用者帳號。

※ 題目設計參考自「清楚理解『PayPay』——圖解今後的零售業（1）」https://d8r.ai/series/paypay/（參照 2020-08-13）

專有名詞很長時就用簡稱。「使用者」畫人形圖示比較快。只要意思能通就夠了。

PAYPAY 支付方式

8 3 種選擇

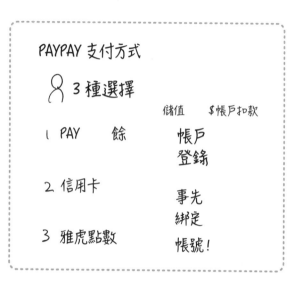

 第二個 PayPay 就用簡寫。空大約兩個字再往下寫。影片中說「有 3 種方式」，所以寫的時候要意識到讓要素並排。

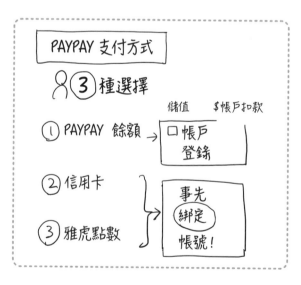

話聲結束後，簡單地圈字整理一下。詳細說明餘額、信用卡和雅虎點數支付方法的部分，由於想區分成塊狀，方便理解，所以用較大的方形圈起來。「3 種」、「綁定」等覺得重要的字則用圓形圈起來。

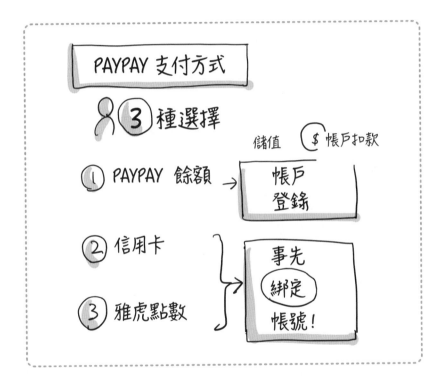

 最後收尾用麥克筆試著讓畫面有強弱之分。只是用麥克筆在 3 種支付方式的圈號數字上畫一下，立刻變得清楚多了。

第 **7** 天

44
圖解軟體功能：
「在哪裡 GPS」

題目

URL：https://reurl.cc/Lmy1ze

　　軟體銀行推出，可透過智慧型手機監看小孩行動的「在哪裡 GPS」。可監護兒童、搜尋珍貴物品位置的終端設備，搭配兩年的通訊費，以套裝方式販售。保存最多 3 天的移動軌跡。具備防水、防震和簡訊通知功能。對機車等的防盜也能發揮很大作用。

※ 題目設計參考自「軟體銀行推出準確度超高的『在哪裡 GPS』　可用於兒童與年長者的監護及機車防盜等」https://buzzap.up/news/20191219-softbank-dokokana-gps/（參照 2020-08-13）

 首先，畫一道線將頁面分成兩半。決定要從哪裡寫起。

> 在哪裡 GPS

在哪裡 GPS

軟體

小孩 監看

在哪裡 GPS

位置

設備 + 兩年 $

3天的
移動

防水

防震

簡訊通知

EX.
機車防盜

 寫出關鍵字詞:「小孩」、「智慧型手機」畫圖示會比較
快。「終端設備搭配兩年的通話費」後面講的是不同內
容,所以換到旁邊那一塊寫。保存最多 3 天的移動軌
跡、防水、防震、簡訊通知、機車防盜等,是在說明
它的好處,所以縱向並排。很難完整記下所有字詞,
所以要省略一些字。

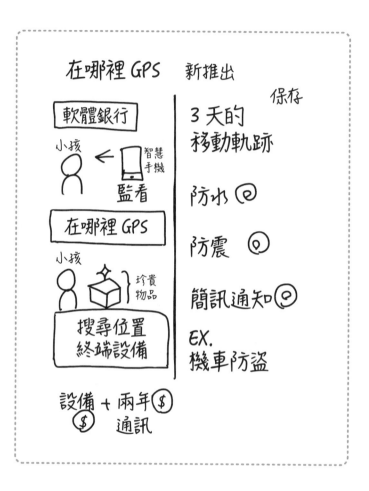

 補上省略的字後,進行結構化。區塊內所有字詞如果都用方形框起來,會搞不清楚重點是什麼,左列的「軟體銀行」、商品名稱「在哪裡 GPS」、「搜尋位置終端設備」用方形框起來;右列「防水」以下部分不加框,當作並列要素處理,比較容易與其他要素作區隔,並加上雙圈號,強調這些好處。

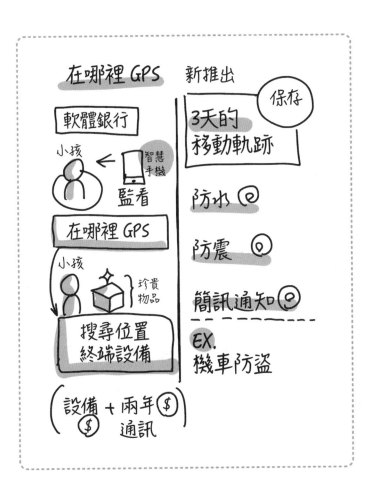

 為了讓它更簡明易懂，用箭頭將商品名稱「在哪裡 GPS」和功能連起來。此外，「3 天的移動軌跡」要框起來加以強調，凸顯與其他好處的不同。最後用麥克筆在想強調的地方或關鍵字詞，加底線或線框。用麥克筆為人形圖示加上陰影，會立刻顯現與文字資訊的差異，大幅提升可辨識度。

第**7**天

45
圖解商業模式 1：
LINE 原創市集

好！接下來要圖解商業模式。

感覺好像很難。

放心！做的事跟前面一樣！

題目

URL：https://reurl.cc/2Z14Gv

　　創作者在 LINE STORE 上販賣自己設計的貼圖。用戶在 LINE STORE 上購買貼圖。每套貼圖的交易所得 50％歸 LINE，50％歸創作者。利用服務時的註冊、申請則免費。

※ 題目設計參考自「一分鐘即能理解【LINE 的三項新服務】概要 &Business Connect 可以做的事」https://gaiax-socialmedialab.jp/post-23076/（參照 2020-08-13）

先將頁面分成兩半，然後記下關鍵字詞。字詞很長就省略後半部分，並注意字數，預留足夠的空間以便事後把字補齊。

LINE　　　　　　　一套貼圖

創　　市　　　　貼圖　　　50%
　　　　　　　　　　　　　LINE
　　　販售　　　販售　　　50%
LINE STORE　　　　　　　創作者

　　　　　　　　服務　免費
　　　購買　　　·註
用戶　　　　　　·申

把缺漏字補上。同時別忘了畫上人形圖示。

LINE　　　　　　　一套貼圖

8創作者市集　　貼圖　　　50%
　　　　　　　　　　　　　LINE
創作者　　販售　販售　　　50%
LINE STORE　　　　　　　創作者

　　　　　　　　服務　免費
　　　購買　　　·註冊
用戶 8　　　　　·申請

利用線框和箭頭，讓人一眼就看懂要強調的重點和關係。用圓把「創作者」和人形圖示圈在一起，會更好理解其屬性。「用戶」也圈成同樣的形狀，方便與創作者做對照。「LINE STORE」用方形框起，以便和人作區別。接著用箭頭表示用戶、創作者和 LINE STORE 的關係，用圓把販售、購買圈起來，再用虛線與箭頭相連。

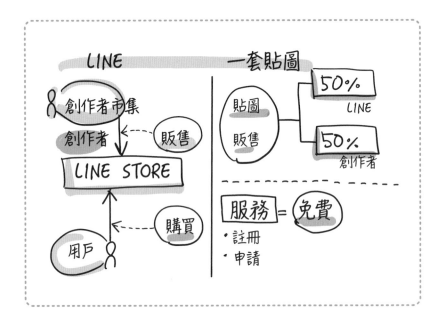

 交易所得的分配（各 50％）用相同形狀的線框框起，讓它易於做比較。「利用服務時 ......」以下為有關使用費的部分，所以用虛線隔開。最後用麥克筆讓畫面有強有弱。在重要的關鍵字詞或是想進一步強調的部分，加上底線或線框。

46
圖解商業模式 2：
「價格 .com」

URL：https://reurl.cc/d2Nr38

　　價格 .com 有三大收益重點：購物、服務及廣告。購物業務的收益是按點擊數和售貨額，向網站上登載的店鋪收取手續費；服務業務的收益，是簽約租用寬頻網路所產生的手續費，和保險、金融、中古車搜尋等按報價收取的手續費；廣告業務方面則是將價格 com 當作媒體，賣橫幅和廣告獲取收益。

※ 題 目 設 計 參 考 自「 商 業 模 式 」https://corporate.kakaku.com/ir/indivdual/businessmodel（參照 2020-08-13）

這次我故意不分區。第一步先寫標題。因為有「三大收益重點」，所以要注意預留空間，讓各項收益自成一塊。

> 價格 .COM 的商業模式
> 收益重點
>
> 購物　　　服務　　　廣告

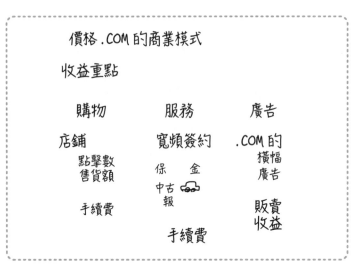

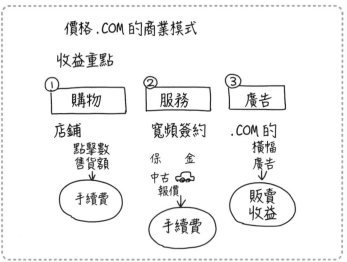

 三個項目各自獨立，也可以加上編號，好讓它更容易看懂。寬頻網路簡略為寬頻；中古車畫汽車圖示，對提升速度也有幫助。

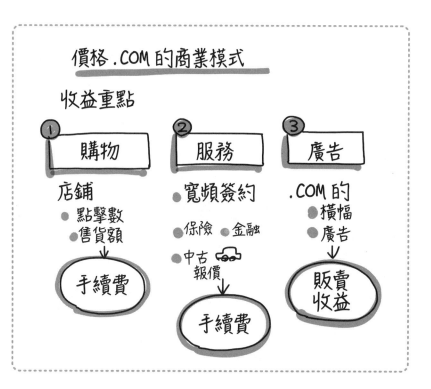

 別忘了把關鍵字詞省略的部分補上。業務內容到收益的轉變用箭頭表示;「手續費」、「販賣收益」用圓圈起來,和業務名稱作區別,比較容易看懂。最後用麥克筆加上強弱變化,在業務內容的項目開頭加上圈號數字,讓各項目獨立。以標題加底線、凸顯各個線框等方式,讓圖像更具傳達力。

第**7**天

47
圖解商業模式 3：Uber

題目

URL：https://reurl.cc/Rrx8bG

  Uber 的商業模式被稱為平台型。即利用智慧型手機的 App 在用戶和駕駛之間搭橋牽線的服務。用戶請 Uber 幫忙調車，支付 Uber 車資外加手續費。Uber 則負責安排駕駛，扣除手續費後將車資交給駕駛。用戶和駕駛可以就舉止態度互相評分。對用戶來說，這項服務的好處是不用說去處很輕鬆、線上支付很放心、不必等車；而對駕駛來說，好處是可以不浪費地有效利用時間和車子。

※ 題目設計參考自「企業價值 5 兆日元、Uber 的商業模式有何厲害之處？」https://www.sbbit.jp/article/cont1/29902（參照 2020-08-13）

 首先，分成兩半，寫標題。

UBER 的商業模式

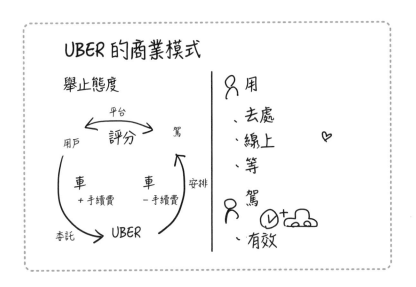

UBER 的商業模式

舉止態度

用戶　平台　駕
評分

車　+手續費　　車　-手續費　　安排

委託　→　UBER

用
、去處
、線上
、等
、駕
、有效

 要一邊留空一邊揀取關鍵字詞。「駕駛」之類的關鍵字詞，若要仔細寫會來不及，這時就要省略，比如只寫「駕」一個字，之後再補上。

 如果有汽車圖示，感覺只寫「駕」也能回想起來。

 沒錯！假使完整記下每一個字，會越來越跟不上談話。所以要活用圖示，並將關鍵字詞補齊。

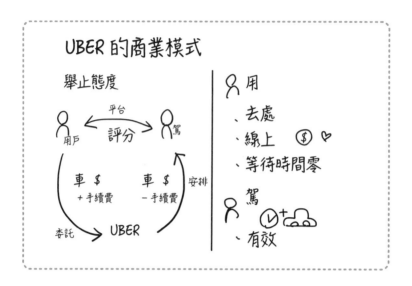

 使用錢幣符號，所以「車資」就用簡寫。並且運用線框讓它更清楚易懂！

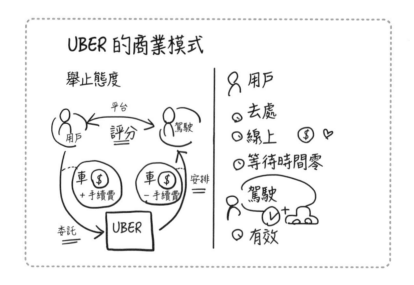

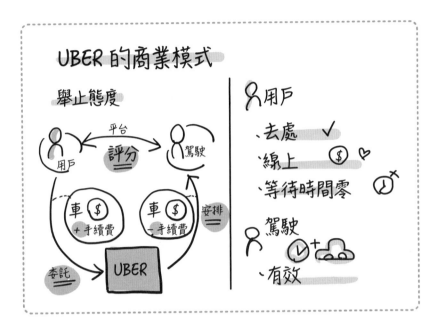

 這次結構化的重點，是用圓把用戶和駕駛圈起來，用方形把 Uber 圈起來，使屬性明確。另外，在「委託」和「安排」處補上車資和手續費的資訊，再用虛線連接，方便理解，最後加上強弱的變化作為收尾。**線框變多或要素多到不易看懂時，就用黑色以外的麥克筆（灰色）加以區分。**在用戶、駕駛、Uber 上添加不同樣式的灰色。

第**7**天

48
圖解量大的談話：
「Workman」

題目

URL：https://reurl.cc/Gx90Nd

　　Workman 在公司內部也持續努力，徹底消除浪費。比方說尺寸，Workman 有一套準確的預測系統，會預估每一項商品各種尺寸的銷售占比：「這項商品 M 號的銷售占比是 22％，L 是 35％，2L 是 22％」，以便調整到生產數等於銷售數。不但如此，多數商品都是自有品牌，因此不需要中間價差。（中略）Workman 推動合理化到這樣的地步，力圖將「高機能 X 低售價」的核心概念推升到極致。

　　此外，Workman 爆紅的第二個原因，寫起來感覺很簡單，但其實進軍新市場非常不簡單。該公司認為，受到勞動人口減少的影響，今後市場規模無可避免會縮小。因此 2010 ～ 2011 年開始嘗試製做專為女性設計的商品。改變防水性、透氣排汗性高的輕量雨衣的設計，製做適合女性的商品，以 2,900 日元的價格販售。結果大獲成功。之後，該公司更將自家產品投入釣魚、自行車等戶外運動市場。這過程頗有意思。比方說，機車騎士喜歡「便宜、保暖」且防水防寒的外套，並會在社群網站上分享影片。於是 Workman 想到：「騎乘機車用的外套，下襬和膝蓋部位最好做成立體剪裁」，對商品進行

改良。其在網路上自我搜尋，理解需求，致力傾聽顧客的態度令人動容。結果就是，騎乘機車或釣魚用雨衣雨褲的自有品牌「Aegis」誕生。（中略）而這正是 Workman 爆紅的直接原因。2018 年，該公司在東京立川的 Lalaport 開設門市「Workman Plus」。起初的定位是「引來顧客的廣告塔」，不料自開店首日起便大排長龍，各式商品都賣到缺貨，人氣旺到讓人不知如何是好。因此，Workman 加快「Workman Plus」展店的腳步，直到現在。

※ 題目部分文字摘錄自「Workman/ 引發快攻的導火線是『嘗試』和『SNS』！」——夏目幸明的「暢銷商品逍遙遊」（第六回）https://c.kodansha.net/news/detail/35863（參照 2020-08-13）

老師，這太長了！到底要怎麼圖解？

不要慌！文字量大的內容在聽寫時，第一步就是分割頁面。從左上角開始寫起。

若出現數字就正確記下來。這個階段還不清楚內容會怎麼展開，所以一開始盡量不要寫太大。

關於 WORKMAN

消除浪費

EX. 尺寸　銷售　M22%
　　　　　預測　L35%
　　　　　　　　2L22%

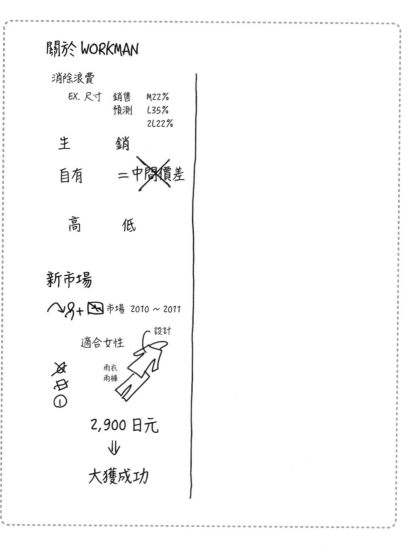

 邊聽邊寫時，可以不用記錄全部文字，記下第一個字，事後再補上。「勞動人口的現象……縮小」、「防水性、透氣排汗性高的輕量雨衣……」等敘述，用簡單的圖示記下，之後依需要再補上文字。

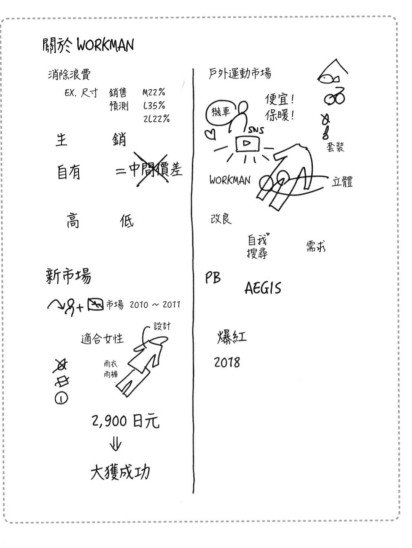

釣魚、自行車、防水防寒……利用自己事後可以回想起內容的圖形或文字，記下最低限度的資訊。**話題一轉換就留空，要空大一點，事後會比較好辨識。**

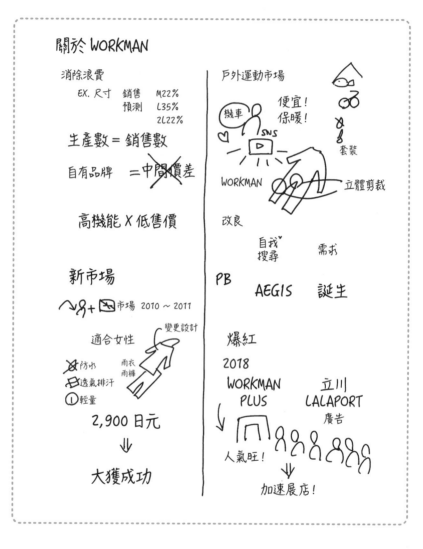

 聽完後，就把「高機能」、「低售價」省略的字填上去。寫錯字時畫兩條槓刪去，再把對的字寫在旁邊。「自有品牌」出現兩次，可以省略。

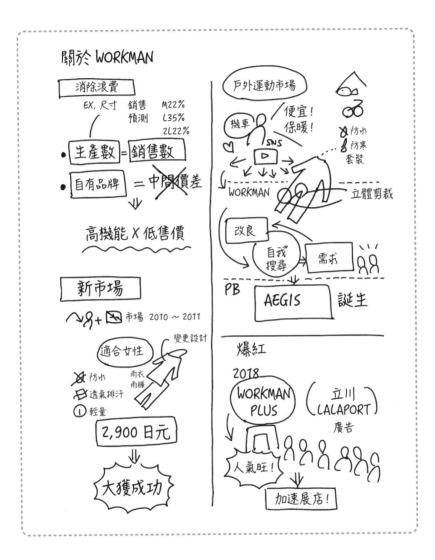

按照文章脈絡把關鍵字詞加框，在話題轉換處加入虛線或實線做區隔。這時，屬於並列關係（例如「生產數」和「銷售數」）的字詞要做成同樣形式，「大獲成功」等想強調的字詞加上醒目的外框，增加變化，會比較容易看懂。

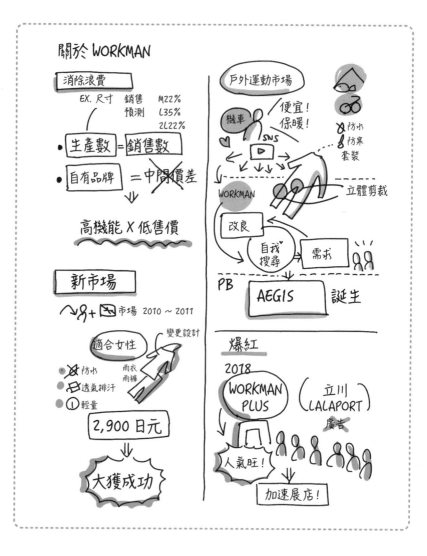

 最後加上強弱之分。在框起來的部分和重點處加上底線，以便能快速掌握內容。

49
提高精確度的
五個技巧

 老師，我畫好了！

 很好！最後要傳授你提高圖解精確度的技巧！

 第一是「空間不夠時的處理法」。

- 如果是筆記本，話題轉換時若感覺空白太少，馬上換到下一頁。
- 如果是白板，畫著畫著空間越來越不夠用，這時就用手機拍照留下記錄，擦掉前面的部分繼續畫。
- 如果是空白紙，空間不夠用就記在另一張紙上，再連起來。

 不論如何都要注意，不能寫得太密，會很難看清楚訊息。

 知道了！我會盡量寫得寬鬆一點！

 第二是「務必加上日期」。

 日期嗎？好像不是那麼重要耶。

第 **7** 天

邊聽邊圖解的實戰練習

手寫的缺點是無法檢索。即便只是知道會商的日期，都會有助於回想起當時的詳細情形！

確實是，沒有日期的話，會不確定這會商是談些什麼。

第三是「不要添加太多顏色」。當我們想讓量很大的內容變得簡單易懂時，往往會使用很多顏色，但有時反而會看得很不舒服。

我懂，我曾經因為用太多顏色，結果搞不清楚重點。

若要強調重點，就加一層淺淺的顏色，一種顏色就好。低彩度的顏色比鮮明的螢光色看起來舒服。我推薦用灰色。

灰色是吧？我會去買！

第四是「注意文字的粗細」。畫在筆記本上時，建議使用0.5mm 的筆，細的字比較好寫，可辨識性又佳；線上共享時至少要 0.7mm 的筆。若是畫在白板上，要考慮「觀看距離」，大約 2 公尺的話，中等粗細是沒問題，但距離5 公尺的話，標題之類的就要使用極粗的筆。

我檢查過自己的筆記工具，只有0.5mm 的筆。我會把它買齊。

第五是「減少文字的歪斜」。

 減少歪斜？這是什麼意思？

 我們寫字有時會傾向一邊不是嗎？最常見的是「往右上斜」。右上斜的字，從側邊看很不好閱讀。橫的筆畫要水平平行，筆畫之間要空大一點。

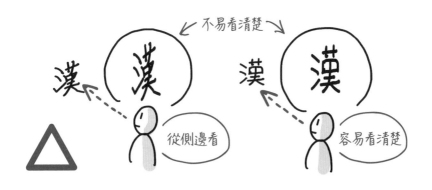

 我完全沒想過這種事。謝謝老師！

第**7**天

邊聽邊圖解的實戰練習

終章

把內容視覺化變成工作助力

終章

50
培養能「當場」圖解的能力

 田中，幾乎全部的課都上完了。有什麼事讓你很糾結嗎？

 比方說，與客戶會商時該怎麼開始畫起，這讓我很苦惱。

 原來如此。這有個小技巧，你可以先問一聲：「我可以做一點筆記嗎？」

 有些人不喜歡被留下記錄。

 是啊。還要仔細評估現場的狀況，並不是任何情況都適合做圖解。會耽誤整體的進行或導致氣氛凝結，就不好了。

 我會注意不要得意忘形。

 另外，一小步一小步地開始，如「做自己用的筆記→展示出來與大家共享→在上面加註意見→再展示出來與大家共享」循序漸進，這也是一種做法。

 這樣很自然，我喜歡！我會試試看！

繪製圖解不能僅止於表演。我們在圖解時必須洞悉背後的目的，即共享資訊、消除分歧、記錄討論內容、使想法具象化、達致好的結果等。

 是，要讓所有人明白當場畫圖解的目的。我會牢記在心！

 神速圖解法是今後讓我們的工作變得更加迅速、有趣的武器。只要畫出來給人看，馬上就知道腦中想像的差異。使迅速傳達意念成為可能。以前被人一笑置之的構想，現在成了吸睛的故事。從踏出這道門的那一刻起，你就擁有強大的能力了。

 我做得到嗎？

 拿出自信來。講一百次還不如先畫畫看。能夠圖解某樣事物就表示你可以改變。來吧，全力「神速圖解」吧！

 是！明天的線上會議我就來做紀錄，讓大家瞧瞧我的厲害！

 去吧！

終章

把內容視覺化變成工作助力

51
閻魔老師最後的提醒：
好懂而非漂亮的圖

突然拿出便條紙或筆記本，有些人看到可能會立刻緊張起來。不妨先問一聲：「我可以稍微做記錄嗎？」「請容我做一些筆記」等。

一旦開始記錄，常會被要求做出「完美的紀錄」。不過，又不能用機器錄影。這時可以先說明：「請根據我接下來所做的記錄，進行討論和發言」。

神速圖解法的第一步就是先整理自己腦中的思緒。上手之後，再記錄一對一的磋商、一對多的會談等，慢慢擴大人數規模。

而且要多多展示給別人看。從他們的反應可以檢視「紀錄是否讓人容易理解」、「不明之處多嗎」之類的。「這裡是什麼意思？」這類問題很寶貴，加以活用吧。

別把圖畫得很漂亮。人一看到美美的圖立刻變成鑑賞者。要時時意識到自己要畫的是「別人看得懂的圖」，而不是「漂亮的圖」。

畫好後務必回頭再看一遍內容。如果是會議，就要考察與會者的反應、時間分配情形、圖解對解決課題有幫助嗎？作為下一次改進的參考！

52

田中的來信：
成為得心應手的工具

閻魔老師，感謝妳一直以來的指導。

密集上課的七天裡，不停畫圈圈的那段時光，像是遙遠的過去（我現在仍然愛穿那套運動服）。

曾經一直很害怕圖解的我，現在總是邊開會邊把內容圖解給大家看。只要根據圖解進行討論，便會進展神速。

圖解不是錄音、錄影，自然不會十全十美。但意見的交流確實比以往要熱絡。

當我把轉換成圖像的會議記錄上傳到公司內部網路，回響驚人。通常一則貼文有 70 個讚就算不錯了，沒想到竟得到 900 個讚！

並且開始收到「新事業部氣勢很旺喔！」「我也想加入一起開會！」這一類的電子郵件。但我認為，這不過是個開始。

前些日子，我在事業部圖解了許多小構想。那是一場線上的動腦會議，與會者之間相當生疏，但所有人一邊看我圖解，一邊修改原本的構想。在很短的時間內提高精確度，達到可以在公司內部發表的地步。

不論新手、老手，也無關立場和職位，都能大聲說出自己

的意見，我覺得全要歸功於「神速圖解法」。

還記得最後一天，老師曾說過一段話：「這次傳授的技巧充其量只是打洞的鑽頭，不可因為握有鑽頭就覺得高興，而要想思考你想用它來鑽什麼樣的洞？」

說真的，聽到這番話時並不太懂它的意思。不過經過那次動腦會議，我就理解了！

以前我一直很想聽到部長誇獎我「比前輩優秀」、想要受到部長賞識，總之就是有種想要帥氣圖解的心情。

但時至今日，這些都不重要了。

現在我想用這鑽頭鑿開風洞，創造出新的東西。在實現團隊研擬出的構想前，一邊畫圖解，一邊推動計畫前進。

老師，請妳要永遠保持健康。不過，不用說，我想一定沒問題的。

謝詞

感謝各位讀到最後。

若能讓各位透過本書感受到「圖解並不難」、「只用說的無法互相理解時，當場畫出來就能傳達」，我便心滿意足。

我始終忘不了開辦講座初期學員對我說的一段話。是一位任職於外商企業的年輕人。他在講座結束後說道：「我今天非常高興，感覺得到釋放。可是我不認為今天所學的技巧可以用在我的公司。」

詢問之下得知，公司裡嚴肅的主管居多，不是可以在他們面前畫圖的氣氛。經驗尚淺、無法給予恰當建議的我，只是目送他的背影走出講座會場。

當時的我，滿足於參加學員的笑容和覺得很愉快的意見回饋，對講座的內容毫不懷疑。他的那番話讓我深有感觸。

要在嚴肅的辦公室和主管包圍之下，利用圖畫來傳達，是需要多麼大的勇氣。那番話是個契機。

在說明一件事或爭論時，怎樣才能毫不遲疑地當著主管、員工、客戶的面拿起筆來畫圖？我要如何把這套與所有人的工作息息相關的技術，以能夠再現的形式告訴大家呢？

我重新檢討過去偏向以感性、情緒性的方式傳達的講座內容，徹底精益求精。

也是時勢所趨吧，現在開始有外資企業會請我幫忙：「希望

謝
詞

能在第一時間，將經營會議的內容視覺化。」我真切感受到圖解的力量已廣泛地為大眾所認知。

許多參加過講座的朋友，會將他們在工作崗位上活用圖解技術的實例和具體行動告訴我，每一次我內心都會湧起一股「真希望當時能在背後推他一把」的心情。我把「後悔」轉化為「前進的動力」，想讓更多人認識這套具有再現性的技術，這樣的想法最後促成我寫作本書。

能夠寫就本書，全要歸功於大家對我的斥責和鼓勵。

首先是鑽石社的中村明博先生。承蒙中村先生採用沒沒無名的我的企畫，在新冠疫情肆虐下不屈不撓地面對原稿，對內容精雕細琢，我由衷感謝。

接著要感謝至今我所待過的公司裡，與我一同歡喜落淚的同事、朋友；現在讓我可以自由地工作的 TAM 公司所有同仁；在「畫圖吧！」活動中結識、為我加油打氣的夥伴；和我一起共築學習時光的所有學員；求學時代的益友、損友。讓我們今後也一同向前奔跑吧！

此外，我還要感謝在競爭激烈的商業現場相信我並逼著我要加把勁的客戶；給予我許多有益建言的前輩。坦率的意見和鼓勵的話語是什麼都換不來的，感謝你們。

還有，我要真心向我的家人說聲謝謝。謝謝你們願意支持總是不顧一切向前衝的我。

最後要感謝拿起本書翻閱的你。本書若有助於你擴大工作的可能性，我會感到很榮幸。

畫圖吧！人生太棒了！

推薦筆記工具

　　圖解筆記除了要讓自己能夠理解，更多時候是要「展示給別人看」。靈活運用筆記工具，有效地用畫圖傳達訊息吧！

記在筆記本或手邊的紙張上時

推薦用筆

ENERGEL-X　Pentel

　　寫出來的字跡鮮豔、清晰，擅長速寫、快乾。0.3mm 的筆芯適合寫很小的字，0.5mm 則是萬用。線上會議等要隔著螢幕展示時，建議使用 0.7mm 的筆芯。

MILDLINER　ZEBRA

　　淺色墨水對眼睛很舒服，顏色比以往的螢光筆柔和，標記時方便好用，而且比較不會透到背面。一支筆粗、細兩用，可用於大面積、小空隙的書寫。色彩也豐富多樣。

如何使用麥克筆

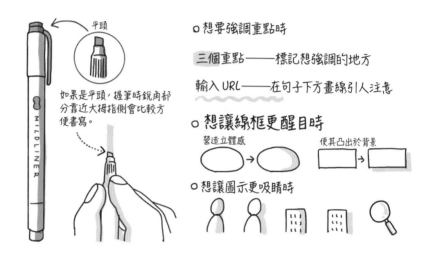

平頭

如果是平頭，握筆時銳角部分靠近大拇指側會比較方便書寫。

○想要強調重點時

三個重點——標記想強調的地方

輸入 URL——在句子下方畫線引人注意

○想讓線框更醒目時

營造立體感　　　　　　　便其凸出於背景

○想讓圖示更吸睛時

推薦的筆記本

構想用筆記本（附便利貼）B5 / EDiT　Marks

　　附便利貼的橫式筆記本。橫式 B5 尺寸可使用的面積很大，記錄線上會議也很方便。網格呈點陣狀，可自由書寫。網格筆記本不但方便依格子大小寫大、中、小的字，也易於分區。

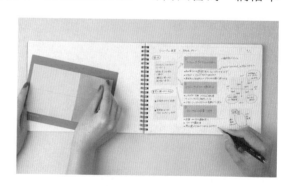

nu board JABARAN　歐文印刷

　　筆記本型白板。這是折疊型的白板，書寫時不必翻頁，易於縱覽全貌。

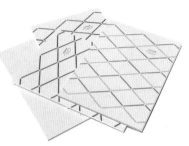

> **大會議室或工作坊，人數眾多時**

推薦用筆
PROCKEY（細字圓頭＋粗字方頭）　三菱鉛筆

　　在模造紙之類的紙張上做記錄時要用粗的筆。圓頭和方頭兼備，方便做線條強弱的變化。如果紙張貼在牆上，為免筆跡透過去，最好使用水性筆。

Board Master 極粗　Pilot

　　寫白板的話，建議用這種筆。可以換墨芯，很環保。尤其推薦這款極粗的筆。墨色穩定，在寬闊的會場從遠處看也很容易辨識。

模造紙、白報紙
網格模造紙 Pull White　MARUAI

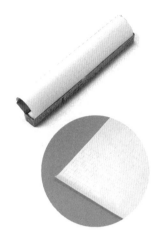

　　模造紙也建議選用網格型。容易吸收油性筆的油墨,字跡快速固著。

寫樂白報紙　寫樂鋼筆

　　貼在牆上立刻變成白板。攤開在辦公桌上,開會時也可以使用。

一秒就畫好的精選商用圖示

商用圖示　資訊科技類

連結

連結中斷

輸入

輸出

筆電

縮小

放大

縮小　放大　搜尋　安全性、保密性（網路）　樹狀圖

雲端同步

雲端

網路

印表機

智慧型手機

人工智慧
（1）

人工智慧
（2）

滑鼠

影片

Wi-Fi

伺服器

伺服器

數據遷移

資料庫

伺服器網路

商用圖示　移動、場所

地點

指南針

地球、世界、國際

地球

自行車

工廠

商店

公司

公司（分店）

民宅

學校

銀行

旅館

救護車

配送

汽車

貨車

計程車

電車

公車

電動汽車

遊艇

降落

起飛

火箭

商用圖示　時間

日曆	日曆、時間	碼表	鬧鐘	時刻

商用圖示　工具

鉛筆、記錄、筆記	圖釘	別針	相機	顯示器
信件	書	智慧型手錶	筆記本、筆記	公事包
筆記本	虛擬實境	身分證、執照	報紙	文件、檔案夾
尺規	揚聲器	文件	鑰匙	計算機

商用圖示　意象

設定

旗幟

進房

退房

勾選框

階梯

燈塔

無保密

燈泡、點子

交談

平衡、測量

望遠鏡

梯子

人臉辨識

時限

線狀圖

條狀圖

禁止觀看

觀看

禁止拍照

商用圖示　金錢

紙鈔

零錢收付

信用卡

硬幣

現金、錢

商用圖示　照護、醫療

 入浴

 保特瓶

 照護

 體溫計

 腦

 藥

 肺

 廁所

 注射

 心電圖

 聽診器

 牙齒

 眼鏡

 輪椅

 病歷

 體溫（上升）

 水、水分

 急診、醫院、醫療

 嬰兒車

 清掃

 點滴

 口罩

 奶瓶

 剪刀

禁止吸菸

附錄 B

一秒就畫好的精選商用圖示

商用圖示　生活

 麵包

 麵類

 飲料

 吐司

 啤酒

 紅蘿蔔、蔬菜

 魚、生鮮食品

 用餐

 料理

 學士帽

 購物籃

 衣類

 休閒

 冰箱

 攝影機

 傘、保險

 沙發

 耳機

 遊戲機

 禮品

 休息

 水

 贈品

 貓

 狗

商用圖示　環保、能源

環保循
環再生

氣溫、
溫度計

森林

樹木

垃圾資源
回收

自然循
環再造

自然、培育

生態保育

循環利用

能源再利用

鳥

手（包覆）

愛護地球

愛護自然

環保和地球

太陽能發電

風力發電

火力發電

汽油

插座

核能

自來水

充電站

電池

燃燒、火焰

一秒就畫好的精選商用圖示

商用圖示　工業、電

天線、收訊

人工衛星

計速器

計速器
（加速）

維修保養

半導體

無人機

電力

電波

測量儀

電池

機器人

危險

化學、研究

防盜監視器

商用圖示　其他

物品

標的

降價

冰山一角

警報

鼻子

嘴脣

耳朵

指

冠軍

商用圖示的使用訣竅

· 至少練習五次就能很快畫出來。

· 廣義地理解圖示，可擴大使用的場面。例如：「T 恤 = 布料」、
  「嘴脣 = 說話、聊天」。

· 除了單獨使用，組合起來可以傳達更多的意思。

時間一到就要刷臉才能進入房間

圖示的搭配組合　數位類

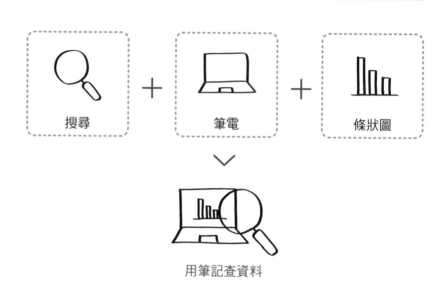

搜尋 ＋ 筆電 ＋ 條狀圖

用筆記查資料

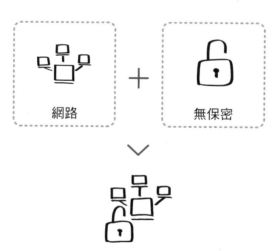

網路 ＋ 無保密

未設防火牆的網路

圖示的搭配組合　經濟類

手（包圍）　＋　貓　＞　愛護動物

循環利用　＋　衣類　＞　舊衣回收

氣溫、溫度計　＋　地球　＞　地球暖化

一秒就畫好的精選商用圖示

翻轉學 翻轉學系列 090

【圖解】高效內化知識、輕鬆學以致用的神速圖解法

掌握簡單三元素，讓你讀書、開會、提案……畫出筆記力、傳達力和説服力
なんでも図解 絵心ゼロでもできる！爆速アウトプット術

作　　　　者	日高由美子	
譯　　　　者	鍾嘉惠	
封 面 設 計	張天薪	
內 文 排 版	許貴華	
責 任 編 輯	袁于善	
行 銷 企 劃	陳可錞・陳豫萱	
出版二部總編輯	林俊安	

出 版 者	采實文化事業股份有限公司
業 務 發 行	張世明・林踏欣・林坤蓉・王貞玉
國 際 版 權	鄒欣穎・施維真
印 務 採 購	曾玉霞
會 計 行 政	李韶婉・簡佩鈺・柯雅莉
法 律 顧 問	第一國際法律事務所　余淑杏律師
電 子 信 箱	acme@acmebook.com.tw
采 實 官 網	www.acmebook.com.tw
采 實 臉 書	www.facebook.com/acmebook01

I S B N	978-986-507-921-5
定　　　　價	420 元
初 版 一 刷	2022 年 8 月
劃 撥 帳 號	50148859
劃 撥 戶 名	采實文化事業股份有限公司
	104 台北市中山區南京東路二段 95 號 9 樓
	電話：(02)2511-9798　傳真：(02)2571-3298

國家圖書館出版品預行編目資料

```
【圖解】高效內化知識、輕鬆學以致用的神速圖解法：掌握簡單三元素，讓
你讀書、開會、提案……畫出筆記力、傳達力和説服力 / 日高由美子著；
鍾嘉惠譯 . – 台北市：采實文化，2022.8
240 面；14.8×21 公分 . --（翻轉學系列；90）
譯自：なんでも図解 絵心ゼロでもできる！爆速アウトプット術
ISBN 978-986-507-921-5（平裝）
1.CST: 圖表 2.CST: 視覺設計
```

```
494.6                                        111010085
```

なんでも図解 絵心ゼロでもできる！爆速アウトプット術
NANDEMO ZUKAI by Yumiko Hidaka
Copyright © 2020 Yumiko Hidaka
Traditional Chinese translation copyright ©2022 by ACME Publishing Co., Ltd
All rights reserved.
Original Japanese language edition published by Diamond, Inc.
Traditional Chinese translation rights arranged with Diamond, Inc.
through Keio Cultural Enterprise Co., Ltd., Taiwan.

翻轉學

翻轉學